广东农业农村科技发展报告

(2011—2020年)

李伟锋 ◎ 主编

GUANGDONG NONGYE NONGCUN
KEJI FAZHAN BAOGAO

首批全国优秀出版社 | 中国农业出版社

主　　编：李伟锋

副 主 编：康　乐　方　伟

编写人员（按姓氏拼音排序）：

白雪娜　崔建勋　方　伟　康　乐

李欢欢　李伟锋　梁俊芬　林漫婷

马　力　唐　诚　王佳友　王玉梅

巫伟峰　张辉玲　张　磊　邹移光

本书经费资助来源：

1. 广东省软科学重点项目——广东沿海经济带及北部生态区域实施创新驱动发展战略提质增效问题研究（2019B070714008）

2. 2018 年度广东省农业科学院院长基金专项项目（201839）

习近平总书记在党的十九大报告中明确指出，"创新是引领发展的第一动力，是建设现代化经济体系的战略支撑"。科技创新是驱动发展的第一动力，农业现代化关键在科技进步和创新，牢牢掌握我国农业科技发展主动权，为我国由农业大国走向农业强国提供坚实科技支撑。近年来，广东省认真实施科技创新驱动战略，大力实施乡村振兴科技支撑行动，农业科技创新能力不断增强。"十三五"期间，广东省农业科技进步贡献率由 2015 年的 61.2％提高到 2020 年的 70.2％（比全国平均水平高 10 个百分点），主要农作物、生猪良种覆盖率分别达 95％以上。以全国 1.9％的耕地产出约占全国 6％的农业总产值和 10％的农业增加值，科技创新对农业产业支撑能力实现了大幅提升。

为深入贯彻党的十八大、十九大精神以及习近平总书记对广东系列重要讲话和重要指示批示精神，以习近平新时代中国特色社会主义思想为指导，编制《广东农业农村科技发展报告（2011—2020 年）》，全面总结近十年来广东省农业农村科技发展成就，系统反映广东农业农村科技领域的重大进展、重要决策、重点工作，着力提升农业科技创新能力和成果转化水平，支撑引领农业高质量发展和乡村全面振兴。

报告编制过程中，得到了广东省科学技术厅、广东省农业农村厅、广东省农业科学院及兄弟研究所、华南农业大学、中国水产科学研究院珠江水产研究所等单位和有关专家的大力协助与支持，在此表示衷心的感谢。

编委会

2021 年 5 月

CONTENTS 目 录

前言

目　录

第一章 农业农村科技进展

第一节 农业农村科技创新

一、粮食作物

1. 基础前沿研究

水稻基因组学和全基因组分子育种取得重要进展，完成了黄华占系谱品种测序研究，基本实现了分子设计育种；利用基因芯片技术在全基因组表达水平对水稻品种、抗性等进行了基因标记定位；利用综合分子标记辅助选择，建立和完善了以优良恢复系、不育系为主体的抗虫、抗稻瘟病和香味的多基因聚合育种技术体系。水稻品种抗性研究包括抗性资源挖掘与评价利用、抗病虫机理、抗性遗传、抗病虫基因标记定位与功能鉴定等，水稻病虫害灾变监测包括水稻病原菌小种变异动态监测、抗药性、害虫迁飞与发生、品种致害生物型变异等，水稻病虫害绿色防控技术研究包括水稻抗病虫资源挖掘及抗病虫基因利用、生态控制、高效低毒杀菌及杀虫剂筛选与应用技术等研究领域取得重要研究进展，为水稻病虫害高效、食品安全、环境友好可持续防控提供技术保障。航天诱变育种技术取得重大突破。通过"神舟八号"飞船、2016 年"实践十号"卫星搭载水稻种子进行航天诱变育种，建立了以"空间诱变多代混系连续选择和定向跟踪筛选技术"为核心的植物航天生物育种高效育种技术体系（平台）；与国家大科学装置单位合作，完善了地面模拟空间环境诱变育种技术方法；开发出目标性状突变体高通量筛选技术、植物航天诱变新种质高效鉴评技术。通过系列的技术创新，极大地提高了航天搭载诱变效果、诱变后代的选育效果和新种质的利用效果。

2. 重大品种创制

近年来，广东省内各水稻育种相关科研院所、种业企业以第一完成单位选育出高产优质抗病虫水稻新品种 400余个，种子质量合格率 98% 以上。鉴定通过了籼型水稻三系不育系，育成了泰丰优 1002、五优油占、五优 1179等系列高产、优质三系杂交稻；鉴定通过了籼型水稻两系不育系，育成了福龙两优龙占、发两优 3301、Y 两优

1173等新品种并通过省级以上品种审定。在常规稻选育方面，选育出一系列高产、高抗、优质水稻新品种，如五山晶占、粤禾丝苗、粤新银占2号、黄广丝占等，以及富铁1号、富铁丝苗、南红1号、南红2号、南红3号等特种稻新品种。选育的常规稻新品种中如黄华占、五山丝苗、黄莉占、粤农丝苗、粤禾丝苗等具有广适性、常规稻和杂交稻恢复性两用的特点，被列为广东省农业主导品种，为国内众多育种单位所应用。

在农业供给侧改革、水稻新品种优质化改革大形势下，结合广东稻米优势和特点，广东省确定了以广东丝苗米为特色的发展规划，整合省内科研院所和企业全产业链资源，成立了广东丝苗米联盟，制定了相关品种标准、产品标准，并在品种区域试验中增设香稻组，众多优质丝苗米新品种不断涌现。在全国优质稻品种鉴评活动中，美香占2号、象牙香占、增科新选丝苗1号、泰丰优208和泰优553等品种获得优质金奖。美香占2号、象牙香占成为首批被认定的广东丝苗米品种，聚龙澳丝米、乡意浓大米、金良稻丰客家丝苗米成为首批广东丝苗米产品。

3. 关键技术创新

水稻"三控"施肥技术在持续控制病虫害的发生、减少农药用量、提升稻米食用安全等方面继续发挥其重要作用。华南机收再生稻高产稳产栽培技术通过鉴定，平均亩*产409.6千克，刷新了广东省机收再生稻产量记录。创新水稻叠盘暗出苗育秧模式与技术，为水稻机插育秧提供新方法，研发水稻精量穴直播技术实现了同步开沟起垄穴播、同步开沟起垄施肥穴播和同步开沟起垄喷药/膜穴播的"三同步"，为轻简化栽培、田间管理技术奠定基础。华南地区多熟高效农作制模式及配套技术研究示范，包括"菜-中晚稻-菜"轮作高效耕作制示范、香蕉田水稻土壤改良水旱轮作种植模式探索。

二、经济作物

（一）玉米

1. 基础前沿研究

广东省甜糯玉米育种居国内领先水平，积累了具有丰富多样性的5 000多份甜糯玉米种质资源，相继开展了基因组学、转录组学、代谢组学等层面的系统研究。以高营养品质为目标，利用基因组测序、分子标记等技术手段开展了种质鉴评、优异基因发掘、分子辅助改良等研究。在叶酸、维生素E、维生素C等品质改良方面取得了一系列进展，并已应用于甜玉米营养强化育种实践，选育了一批高营养型甜糯玉米品种。为满足人们生活水平的提高，进一步开展高营养品质的专用型甜玉米分子育种奠定了坚实

---

* 1亩＝1/15公顷。——编者注

基础。

2. 重大品种创制

鲜食玉米资源收集与创新也获得前所未有的发展，建立了国家级甜糯玉米种质资源库。目前，广东共育成甜糯玉米品种 100 个以上，包括华美甜 8 号、珠玉甜 6 号、惠甜 9 号、粤甜系列、美玉糯系列、粤紫糯 5 号、粤彩糯 2 号、粤白糯 6 号等一批代表性品种。每年审定新品种 10 个左右。在抗病性、抗逆性和产量上明显超过引进的优质品种。广东生产上种植应用的甜玉米主导品种，纹枯病、小斑病均达中抗以上，品质评分均达 87.5 分以上，部分品种纹枯病达高抗，品质评分超过 90 分，达特优质等级。

3. 关键技术创新

在粤西和珠三角等地区，鲜食玉米生产培肥地力技术、高质量播种技术、轻简化生产技术、病虫草害综防技术等技术的集成与创新已经得到快速发展。加大鲜食玉米测土配方施肥及肥料科学运筹、农艺结合轻型化栽培、病虫草害综合防治、生态安全、防灾减灾、水土可持续利用等科技攻关和技术集成，经综合优化，形成鲜食玉米高产优质、节本增效的栽培技术模式。研制出简便型玉米播种机、免耕一体化玉米生产机械等，并且还根据适宜地区的土壤、茬口等分别研制出不同类型的专用性农业机械。

（二）花生

1. 基础前沿研究

花生基因组学、转录组学、蛋白质组学等研究取得重要进展。完成了 390 份花生自然资源群体的重测序，获得 256 万个 SNPs 变异；开展了产量、品质和抗性等 30 余个主要农艺性状的全基因组关联分析。通过转录组测序分析，解析了花生荚果地下膨大的转录调控机制、花生荚壳发育和种仁充实的遗传机理，筛选到 29 个显著性差异表达基因可能参与花生高低油酸的代谢调控。筛选出高油酸基因型和低油酸基因型显著差异蛋白质，挖掘与高油酸代谢相关蛋白质或途径。

开展了花生遗传图谱整合研究和 QTL 的 meta 分析，构建了一张包含 5874 个标记位点的花生高密度遗传图谱，在 4 个不同连锁群共获得 40 个产量和抗病 meta-QTLs。利用 MISA 对花生全基因组的 SSR 进行搜索，共开发了 973 984 对 SSR 标记，构建了花生栽培种首张高密度 SSR 物理图谱，为花生农艺性状的遗传定位、分子育种等奠定基础。

2. 重大品种创新

在新品种的常规育种上，发挥南方产区一年两造的育种优势，培育出了一系列高产、高抗、广适、优质花生新品种，如"粤油"系列高产、抗病花生新品种，"湛油"系列高产、高抗、优质花生新品种，"仲恺花系列"高产、优质花生新品种等。通过化学或物理诱变育种，选育了多个适应南方花生产区种植的高产、多抗花生新品种，如汕油诱1号、汕油辐1号等。通过创新育种方法，开展太空育种，培育了"航花"系列高产、优质、多抗花生新品种，其中航花2号花生新品种以其高产、抗倒、耐逆、高抗青枯病在2018年和2019年连续两年入选为广东省农业主导品种，累计推广面积达3 000万亩。

随着人们生活质量的提高和饮食结构的改善，对油脂品质的要求也越来越高。近年来也培育了多个高油酸、抗病花生新品系，如粤油271、粤油302、粤油129、粤油1701等，其油酸含量都在70%以上。

3. 关键技术创新

在花生机械化技术上，开展了"花生农机农艺融合关键技术研究与示范"，基本实现了花生轻简化、半机械化，降低了花生生产成本，初步解决了花生生产费时费力、竞争力不强等产业化难题。在栽培技术上，开展"南方花生-水稻轮作"技术示范推广，累计示范面积达2.01万亩，春花生平均产量265.7千克/亩，晚稻平均产量498.7千克/亩，取得了良好的示范效果。针对南方花生产区酸性土壤、高温高湿、施肥量大等问题，形成了"南方花生减肥减药，节本增效"技术模式。

在育种技术上，建立了基于CRISPR/Cas9编辑技术的花生基因编辑平台。通过对调控油酸亚油酸代谢的主效基因进行编辑敲除，获得油酸含量变化范围在 24.43%～84.85% 的遗传材料；针对赤霉素合成关键基因，利用 CRISPR/Cas9 进行敲除，获得花生矮化的基因编辑植株。这些研究为后续利用基因编辑创制新型花生种质资源奠定了技术基础。

（三）马铃薯

1. 基础前沿研究

马铃薯是广东农业产业中具竞争优势的出口创汇农产品，年播种面积近 100 万亩。结合广东马铃薯产业中面临的实际问题，开展了马铃薯分子设计育种及关键基因挖掘方面等方面的研究。通过形态学指标和离子渗透率评价的方法建立了马铃薯耐寒性评价体系，并对现有的 101 份资源进行了评价，筛选出极耐寒资源 1 份（BY3），耐寒资源 21 份，中等耐寒资源 33 份。经过生物信息学分析和 qRT-PCR 的方法筛选到了一个耐寒候选关键基因 StTCP4。对调控薯肉颜色和花色苷合成的位点进行了定位，并将该位点确定在马铃薯 10 号染色体上包含 70 个基因，长度约为 3.03Mb 的范围内。

2. 重大种质创新

围绕广东省冬种马铃薯生产的实际需求，积极开展自主育种，每年配制杂交组合 100 余个，生产马铃薯实生薯近 3 万粒，选育出块茎富锌的马铃薯品系，以及富含花色苷的马铃薯品系，为早熟、优质、高产、抗逆马铃薯优新品种选育奠定了基础。同时，为解决广东省马铃薯栽培品种单一的问题，筛选出适合广东省冬种的优新马铃薯品种陇薯 7 号、粤红一号、云薯 306、云薯 901 等。

3. 关键技术创新

节本增效栽培技术可在保证产量不降低的情况下有效降低马铃薯栽培过程中的成本投入，提高广东省马铃薯的竞争力。通过黑色地膜覆盖高垄栽培，水肥药一体化，病虫害黄板＋性诱剂绿色防控等技术，化肥减施 20％，农药减施 30％。测土配方施肥技术结合马铃薯生育期需肥特点及土壤肥力条件确定肥料种类、施肥量及施肥时期，能够准确地有针对性地补充马铃薯生育期内所需的营养物质，有效地降低了马铃薯栽培过程中施肥的盲目性；地膜覆盖结合水肥一体化栽培技术在降低人工投入的同时，提高了灌水施肥的准确性，有效地降低了肥料和水源的浪费。

（四）南药

1. 基础前沿研究

利用高通量技术对一批地方特色药食同源作物进行了测序，构建了张溪香芋、溪黄草、铁皮石斛、金线莲、龙俐叶、肇实和罗浮山红艾草，岭南道地药材穿心莲的转录组，鉴定出一批次生代谢物种代谢基因，开发了 SSR 和 SNP 标记辅助育种。

2. 重大品种创制

利用系统选育，筛选出耐热金线莲品系 2 个，高穿心莲内酯品系 2 个，优良铁皮石斛品系 3 个。

3. 关键技术创新

围绕产业需求，在铁皮石斛、金线莲、葛根、穿心莲等健康种苗，高效、绿色生产环节实现新突破。利用组织培养技术，开展了张溪香芋、铁皮石斛、金线莲、两面针、岗梅、走马胎、龙俐叶等的组织培养育苗技术，缓解当前种苗不足的现状。道地药材的仿野生栽培结合林下经济的发展，建立铁皮石斛和金线莲的林下仿野生栽培技术，提高了生产效益。开展葛根的精简栽培技术，结合全膜覆盖、营养杯移栽和水肥一体化技术创新了栽培的新模式，降低了人力成本，提升了生产效率。

（五）烟草

1. 基础前沿研究

对 800 余份广东省烟草种质资源进行繁种更新，系统采集其农艺性状数据与生物学性状图片数据；对 170 余份富钾烟草资源进行筛选，初步筛选出多份富钾烟草种质资源，为富钾烟草育种提供亲本材料。近三年来从各国引种烟草种质资源 42 份，现保育资源有 1 300 多份，成为国内第三大烟草资源库；建立了基于烟草复杂遗传背景的种质评价与核心种质构建技术，创新一批优异烟草种质；完成 150 份烟草核心种质资源 DNA 提取，构建核心种质指纹图谱。

烟草研究团队在烟草废弃物新能源高值化利用途径方

面取得新进展，利用自主育成品种 81-26 烟草秸秆为碳源，KOH 为活化剂，硫脲为掺杂剂，制备了一种超高比表面积的 N、S 共掺杂活性炭材料，成功应用于超级电容器。

2. 重大品种创新

利用自有雄性不育系 MS89X 为母本，98-39-1 为父本选育出优质、易烘烤国审品种——粤烟 208，能兼顾产量、质量、烘烤性能和抗病性的优良烤烟新品种，适宜在东南烟区种植。利用烟草青枯病新抗源（大叶密合、GDSY-1）创制和培育一批高抗烟草青枯病新材料；利用烟草花叶病毒病免疫雄性不育系创制和培育一批新的抗烟草花叶病的新材料。

3. 关键技术创新

构建广东植烟土壤耕地保育关键技术体系，其中多项技术近年来被广东省烟草专卖局（公司）列为烟叶生产主推技术。创新广东红壤坡耕地合理耕层培育模式，形成了"广东红壤坡改梯坡耕地花生 甘薯复种制度下深松配施有机肥合理耕层构建技术体系"以及作业质量指标，制定轻简化技术 3 项。

三、水果

1. 基础前沿研究

近年针对国内外柑橘、香蕉、火龙果、黄皮、砂梨、板栗、李、枇杷、杨梅、杨桃、番木瓜、菠萝、芒果、龙

眼、蓝莓等收集和引进了种质资源 489 份。鉴评获得番木
瓜优系 2 个，适合南方种植蓝莓品种 3 个，完成了 200 多
份柑橘资源的关联分析及 50 份核心种质分析。同时筛选
出口感酸甜，综合性状佳的荔枝自然杂交后代 1 个。

在柑橘进化与分类上有突破性的进展，发现金柑在分
类上应是柑橘属内的一个种，而非金柑属。挖掘出一批与
黄龙病抗性相关的功能基因，如 NPR1、Defensin 等；鉴
定出多个与香蕉寒害、后熟、抗枯萎病及品质形成相关的
重要基因，且利用寄主诱导基因沉默技术创制高抗香蕉枯
萎病新种质 1 份。基本形成了香蕉反应低温的互作调控网
络和香蕉后熟过程的分子调控网络。倍性分析出"粉杂一
号"香蕉为四倍体。鉴定菠萝黑心病相关基因 AcOGT，确
定其参与果肉组织 PCD 过程。确定了 LcFLS 基因与荔枝成
熟期性状关联，将荔枝分子标记技术创新平台进一步拓展
到野生荔枝基因组水平遗传多样性及中国栽培荔枝的起源
研究上，发现中国的栽培荔枝则应该为多点独立驯化起源。

2. 重大品种创制

选育出岭丰糯、冰荔、凤山红灯笼、仙进奉、贵妃
红、草莓荔、英山红、新球蜜荔、巨美人等荔枝新品种；
红肉蜜柚、华晚无籽砂糖橘、无籽贡柑、粤引星路比葡萄
柚等柑橘类新品种；红水晶 6 号、粤红 3 号等火龙果新品
种；广粉 1 号、华农中把、大丰 1 号、中蕉 4 号、南天黄
等香（大）蕉新品种通过省品种审定。青粉 1 号粉蕉、中

蕉 11 号、粉杂 1 号、粤农晚橘等品种通过国家农业农村部品种登记。

3. 关键技术创新

建立香蕉 CRISPR/Cas9 基因组编辑技术体系、番木瓜 CRISPR/Cas9 基因组编辑体系，建立黄皮抗氧化及肿瘤细胞增殖活性评价体系。建立以稀土处理为基础的荔枝成熟期发育调控技术和荔枝龙眼高接换种技术体系、火龙果"控、促、授"生态高效栽培技术、缓解黄皮果实霜胁迫技术、粉蕉矮化丰产栽培技术、香蕉枯萎病综合防控技术体系。研发柑橘节本省力高效栽培技术、柑橘无病容器大苗技术、砂梨低产果园改造升级栽培技术。

优化了贡蕉和粉蕉常温保鲜技术，初步形成采后保鲜技术规程。研发出杨梅采后保鲜技术，研制出黄皮果实增甜剂、胭脂红番石榴化学保鲜剂等，筛选出新型杀菌保鲜剂 H_2O_2 复方溶液、适合贡蕉和粉蕉的常温包装袋。

利用废弃香蕉菠萝茎叶资源，制定完善了工厂化生产复合生物有机肥的工艺流程，发明了复合生物有机肥造粒技术，研制了通用型和专用型（高钾）2 种复合生物有机肥产品配方。

四、蔬菜

1. 基础前沿研究

完成了岭南特色蔬菜作物冬瓜、苦瓜全基因组测序，并对近 150 份冬瓜和 200 份苦瓜核心资源进行基因组重测序。同时，启动了有棱丝瓜和无棱丝瓜基因组测序。构建了中国南瓜、冬瓜、丝瓜、茄子、菜心、芥蓝、菜薹等华南特色蔬菜高密度遗传图谱。基于高密度遗传连锁图谱，对南瓜叶黄素、蔗糖/葡萄糖含量、皮瘤状、果皮颜色、果皮斑纹、果肉厚度等 12 个性状进行定位分析，获得了 30 个基因/QTL 位点。结合冬瓜高密度遗传图谱和全基因组关联分析，分别克隆了果皮颜色基因、籽形发育基因，并开发了共分离分子标记。

分离纯化了芥蓝黑腐病、芥蓝根腐病、菜心头枯病、菜心叶斑病等 4 种叶菜类真菌性病源，开展了茄子重大病害褐纹病高致病力菌全基因组测序与转录组测序，开展茄果类青枯病、瓜类疫病、抗旱、耐热等基因定位及分子机理研究。

2. 重大品种创制

自 2010 年以来，共有 163 个高产、优质蔬菜新品种通过广东省农作物品种审定，许多品种陆续成为广东省或广州市主导品种，其中广东省农业科学院蔬菜研究所育成的铁柱 2 号冬瓜和广州市农业科学研究院育成的油绿 702 菜心被评为 2018 年广东省最受欢迎的主导品种称号。

3. 关键技术创新

系统研究了华南特色蔬菜生长发育与肥水需求特性，

制定基于平衡作物源库关系和控制菜田氮磷面源污染为原则的绿色高效施肥技术。创建了基于上限和周期调控的灌溉技术模型，并开发出新型土壤传感器。研发了以蔬菜测墒自动灌溉系统为核心的水肥耦合装置，实现水肥的节约高效利用，并在蔬菜生产基地推广应用。

五、花卉

1. 基础前沿研究

采用形态学形状结合两类 SSR 分子标记对蝴蝶兰资源进行遗传多样性研究，率先构建了蝴蝶兰核心种质库。开拓了兰花分子生物学和功能基因研究，确定了影响低夜温诱导蝴蝶兰花梗芽分化和发育的重要基因，获得了蝴蝶兰开花相关基因的启动子。发现蝴蝶兰红色素合成相关基因的大部分下调对蝴蝶兰着色具有重要影响。克隆、鉴定了一批与墨兰、建兰、春兰等叶色变异、花器官发育及开花调控相关的功能基因。

构建了山茶品种性状数据库，并在山茶属杂交育种和 RAPD、SSR 等分子辅助育种技术及功能基因研究方面取得突破。构建了白掌 SRAP 分子标记体系，研究了白掌属一批栽培种与原生种的亲缘关系。完成了一批绿萝、粗肋草品种叶片的转录组测序以及白掌苞片转绿前后的转录测序。

完成了 30 多个不同来源铁皮石斛多糖、醇溶性浸出物含量测定及指纹图谱分析，初步构建了金叉石斛和大苞鞘石斛的遗传图谱并开展 SLAF 标签开发。

2. 重大品种创制

已有 11 个蝴蝶兰和 6 个大花蕙兰新品种通过了广东省级农作物新品种审定，52 个兰花杂交种获得国际登录；8 个蝴蝶兰品种入选广东省农业主导品种。优选 3 个鸡冠花品种通过了广东省农作物品种审定。从不同来源铁皮石斛中筛选出了 10 种高多糖含量的铁皮石斛。

3. 关键技术创新

制定出了国家农业行业标准《蝴蝶兰新品种 DUS 测试指南》，填补了国内空白；开展了蝴蝶兰病毒苗检测技术研究与应用；研制了"商品建兰生产技术规程"和"主要商品建兰产品质量等级"两项地方标准，提出了建设国兰生产标准园的设施要求并在全国实施。

编制并颁布了广东省地方标准《金钱树的生产技术规程》，开展了朱顶红种球低温处理和花期调控技术条件研究，建立了适宜的低温诱导花芽发育参数。根据低温以及植物生长调节剂对朱顶红花芽生长和发育的影响的相关参数，结合栽培设施条件，初步建立在重要节日期间开花的调控技术。建立了铁皮石斛组培快繁和栽培生产技术流程，繁育出铁皮石斛和春石斛杂交种苗和成品苗 50 多万株。开展了铁皮、金钗、大苞鞘、球花、鼓槌、杂交等 6 种石斛饮料研制和石斛茶的研制。

六、茶叶

1. 基础前沿研究

茶树生物功能基因组学的研究取得长足发展，在茶树种质资源、分子遗传育种、生理代谢方面都取得了较大进展。完成了茶树花青素合成代谢相关基因的克隆并阐明了其基因功能。利用开发的 EST-SR 分子标记对古茶树资源进行了遗传多样性分析及茶树进化分析。茶叶特征性氨基酸与香气形成与调控机制研究方面，阐明了茶氨酸在物种间和茶树种内不同的积累机制，功能鉴定了茶叶中来源于三大生物合成途径的具有代表性的特征香气成分的关键合成基因，并阐明了采前和采后阶段中这些特征香气成分在不同胁迫下的生物合成相应机制。

2. 重大品种创制

建有"国家茶树资源圃华南分圃"和"广东生物种质茶树资源库"，多年来收集了印度、斯里兰卡、越南、日本、肯尼亚等国家及国内各省的地方品种、野生茶树资源及近缘植物 1 528 份，其中 2016—2018 年，新收集国内外茶树资源 352 份。对紫芽茶、高茶氨酸茶、高叶绿素、黄化茶资源和粤、滇、桂、黔野生古树茶等特色特异资源进行了系统的研究试验，筛选出茶树新品系 39 个；申报植物新品种权 19 个。育成国家级茶树品种 1 个：鸿雁 13号（国品鉴茶 2014010）。育成省级茶树品种 3 个：丹霞 1

号茶（粤审茶 2011001）、丹霞 2 号茶、乌叶单丛茶（粤审茶 2013001）。

3. 关键技术创新

利用茶园生态系统中物种的交互作用及其生态经济效应，充分发挥物种及景观多样性在茶园生态系统平衡调节中的作用，尤其是茶园养分的高效调控、茶树病虫害控制等途径，形成茶园间种复合高效生态模式配置与栽培关键技术。通过蚯蚓与有机物料的共同作用，建立蚯蚓生物有机培肥技术体系，激活并改善土壤微生态系统，提升茶树鲜叶产量、生长性状和茶叶品质。建设病虫害监测预警信息平台：http：//I广东茶树栽培信息咨询服务系统 com/（http：//www. gdeszp. com/）。建立茶叶废弃物资源化利用及新型茶园专用肥生产技术，获得广东省肥料临时登记产品 2 个，年均推广应用 2 万多吨，覆盖茶园面积 5 万多亩。研制出国内第一条红茶连续化生产线，开创了国内红条茶连续化加工研究的先河，填补了国内该领域的空白。建立了机械化采摘加工技术，机械采茶效率是人工采茶的 20 倍。创新特色茶资源食品加工技术，利用低值夏暑茶叶为原料，开发出自然秀（油柑子茶）、自然通（菊普茶）、自然降（品尝春健体乌龙茶）等中试产品和加工技术参数，开发出乌龙红茶为原料的乌龙红茶泡腾片、乌龙红茶奶茶和口香糖等中试产品和加工技术参数。

七、畜牧

1. 基础前沿研究

开展了鸡、鸭、鹅等家禽的全基因组测序工作，结合比较基因组学、全基因组关联分析等策略获取了大量影响家禽生长、肉质、繁殖、抗病、外貌等重要性状的基因组区域或标记。积极推进畜禽的基因组选择研究，优化了基因组育种值估计方法，并已初步应用于猪和鸡的商业育种中。研究肉鸡、商品猪的抗氧化应激营养调控以及饲料添加剂对畜禽生长繁殖的影响。

2. 重大品种创制

通过分子标记检测技术与 dw 基因、隐性白羽基因应用的结合加快了黄羽肉鸡遗传基因的改良进度，成功培育了一批黄羽矮脚型肉鸡新品种（配套系）。其中岭南黄鸡 3 号配套系是以广东省著名地方品种——惠阳胡须鸡为育种素材，培育而成的慢速型特优质肉鸡二系配套系。利用现有的优质原种猪资源、育种技术与常规及分子育种技术相结合，系统选育出了一批瘦肉型猪专门化品系。其中温氏 WS501 猪配套系以皮特兰、杜洛克为父系猪，以长白、大白为母系猪，经多年选育而成。

3. 关键技术创新

成功鉴定了新型种猪分子遗传标记，研发了基因组信息整合遗传评估新方法，实现了猪分子育种技术实用化。

应用了基因组简化、单体型标记辅助选种选配、多区域单体型联合分析等技术，降低了分子育种成本，进一步提高了遗传评估效率和准确性。系统开发了黄羽肉鸡矮小、黄皮肤、剩余采食量等轻简化分子检测技术以及公母鸡轮配时间缩短技术，有效提升了黄羽肉鸡的育种效率。

研究改善仔猪肠道健康的无抗饲粮配制技术、猪健康养殖关键营养技术等；针对仔猪断奶腹泻问题，针对抗生素滥用严重，研究建立了益生菌、异黄酮替代抗生素的技术。通过研发黄羽肉鸡安全低排放饲料，改善肉鸡肉质，提高黄羽肉鸡日增重。

建立了畜禽粪污零排放资源化利用整体设计及运行技术，结合异位高效堆肥技术和臭气处理技术等系列技术，既能高效地解决当前严重的畜禽粪污排放压力，也能提高处理产品的品质，变废为宝。

八、兽医

1. 基础研究前沿

首次发现新型的 D 型流感病毒在广东省猪场、牛场、羊场流行，在严重病例中鉴定了 D 型流感病毒的病毒血症。首次发现 H9N2、H7N9、H10N8 亚型禽流感病毒对哺乳动物感染、发病或致死的突变位点，阐明了 H5 亚型禽流感病毒向哺乳动物中传播、致病新机制。在 J 亚群禽白血病病毒（ALV-J）感染黄羽肉种鸡的排毒规律和发病机制等方面取得明显突破，为创建黄羽肉种鸡禽白血病净化关键技术奠定理论基础。

2. 重要产品创制

水禽专用 H5N2 亚型禽流感疫苗获得了新兽药证书，解决了困扰我国禽流感疫苗对水禽免疫效果不佳的难题。鸡球虫减毒活卵囊疫苗获得新兽药证书，并在生产一线得到推广应用。ST 猪瘟活疫苗（传代细胞源）采用国际认证的同源传代 ST 细胞培养，批间差异极小，稳定性好，填补了国内传代细胞生产猪瘟活疫苗的空白。广东省参与研制的针对迟钝爱德华氏菌的大菱鲆迟钝爱德华氏菌活疫苗（EIBAV1 株）是我国注册的第一个海水养殖动物活疫苗，也是世界上第一个获得政府许可的针对迟钝爱德华氏菌的鱼用疫苗。研制出二类新兽药头孢洛宁、头孢喹肟和沃尼妙林等原料药及其制剂，有效解决了畜禽感染性疾病的原料药物匮乏和兽药行业研发水平低下的现状。研制成功紫锥菊根、紫锥菊根末等中兽药获得国家二类新兽药注册证书，可有效减少抗生素的使用，解决养殖业普遍存在的免疫抑制病困扰。

3. 关键技术创新

创建 8 种外源性 ALV 的鉴别检测技术和 1 个多亚群病毒鉴别诊断技术规程，突破了对不同亚群 ALV 混合感染进行精准筛查的技术瓶颈，为提高黄羽肉种鸡禽白血病净化效率提供了技术保障。研制成功畜禽粪便高效无害化处理的微生物系统，并在行业推广应用；研制成功养殖空气环境的智能化净化系统，提高了畜禽养殖的健康水平。

九、渔业

1. 基础前沿研究

全面构建了活体种质资源库、基因库和育种基础数据库，开展了种质资源的系统性评估和鉴定，从转录组、基因组和蛋白组水平上开展优异性状的遗传解析，综合应用传统选育和分子育种技术培育出优良经济性状的养殖新品种。建立了水生动物流行病学数据库及疫病资源库，初步阐明草鱼呼肠孤病毒、鳜传染性脾肾坏死病毒等病原的分子流行学；完成了草鱼呼肠孤病毒等病原全基因组、转录组测序与比较分析，为解析这些病原致病机理提供组学大数据；解析了细胞自噬、p53、IRAK4、亲环蛋白等相关因子在抗感染中的作用机制。建立了针对草鱼呼肠孤病毒等重要病原的 PCR、LAMP、Dot-ELISA、NASBA、适配体、胶体金等分子生物学和血清学检测方法 10 多种。系统研究了波浪流场中深水网箱水动力学特性，构建了网箱数值模拟、物模试验、实物测试平台；以新材料新工艺新技术为网箱主体，构建了抗风浪、大容量、高效率、外海深海设施养殖模式；集成应用海洋工程、材料工艺、机电工程、计算机等技术，开发出抗风浪网箱制造核心关键技术，创制出国产化抗风浪网箱。

2. 重大品种创制

目前全省有水产苗种场 1 970 个，其中国家级水产良种场 5 家，省级水产良种场 57 家，初步形成了"国家级良种场-省级良种场-地市苗种繁育场-县级培育场"苗种生产体系。已经选育出南美白对虾"中科 1 号""中兴 1 号""兴海 1 号"等，斑节对虾"南海 1 号""南海 2 号"，大口黑鲈"优鲈 1 号""优鲈 3 号"，石斑鱼"虎龙杂交斑"，罗非鱼"吉奥罗非鱼"，莫荷罗非鱼"广福 1 号"，马氏珠母贝"南珍 1 号""南科 1 号"，牡蛎"华南 1 号"，翘嘴红鲌"华康 1 号""长珠杂交鲌"等多个优良品种。储备了四大家鱼、广东鲂、斑鳢、乌鳢、南美白对虾、斑节对虾、石斑鱼、珍珠贝、罗非鱼、罗氏沼虾、鲌鱼、鲈鱼、龟、鳖等一批重要的水产种质资源。

3. 关键技术创新

联合生物-物理修复技术，从池塘底质调控和水质调控两个方面入手，建立养殖池塘环境生态修复技术。构建中草药与养殖鱼类共生池塘养殖模式，调控池塘养殖水质。构建鱼-稻水产生态养殖技术，在稻田及区间将种养技术科学配套组装，集成创新，实施碳汇农业。结合集约化池塘水质调控技术及底质修复技术，构筑池塘分区式循环水养殖系统、池塘陆基一体化循环水养殖系统，结合自动装卸吊机、中央投喂系统及水质在线监测等渔业设施装备，构建池塘工程化循环水养殖技术。通过在养殖外排水收集池开展鱼、虾、贝、藻综合养殖和人工湿地构建及净化机理研究，建立了养殖外排水资源化利用和无害化处理技术，实现了养殖污水的零排放。

十、农机装备

1. 粮食作物全程机械化

针对广东地区主要粮食作物水稻，开发适用于华南地区的机械化、信息化装备，建立全链水稻生产装备。研发了水田激光平地机，通过配备定位技术和激光水平检测技术，实现自主大面积的土地平整作业，提高灌溉效率，改善作物成熟均匀性；研发了水稻精量穴直播机，有效地实现水稻的节水栽培和防止倒伏。研发了无人机农药喷洒系统，通过无人机实现大面积农田的自主变量施药，提高了喷洒的均匀性和针对性。研发适应南方区域特点自走式联合收割机，实现自主灵活收割小面积水稻。

2. 智能农机装备技术

融合了北斗导航系统，实现农业机械或无人机在户外的自主定位，配合大田农机装备，完成多种复合型作业需求。开发了植保用无人机，实现自主导航、自动避障、自动规划路径、自动回航、远距离飞控通讯、多机协同和自适应变量施药等关键技术的突破与掌握。研发了LED植物工厂，通过多因子综合调控算法，调控作物蔬菜生长环境因子，提升蔬菜生长速率，提高蔬菜品质。研制了荔枝、番石榴等岭南特色水果的采摘机器人，提高果树采摘机械化程度。

3. 智慧农业技术

设施农业通过合理的结构设计，可控的气候调节、气体调节、营养调节和监控等设备的安装，实现设施内小气候稳定在最适宜生长的范围；结合自动化工程技术，如定量投喂系统、水肥一体化系统等，实现日常重复作业的机械化；利用物联网技术监测小气候环境，根据生长环境需求，调控环境；通过远程监控网络，采集生产现场情况，利用图像处理技术和机器学习算法，开发畜禽计数、畜禽行为监测、植物病虫害监测、生长势检测等系统，进一步辅助农业生产管理。

通过 GPRS、5G、光纤通信等技术手段，建立农业物联网，远距离实现范围广、针对性强的田间多指标监测；集合数据到统一的云计算平台，开发大数据处理，构建数据模型，促进农业精准化生产管理；开发了基于大数据分类技术的病虫害图像识别系统，通过采集病虫害图像，建立病虫害数据库，在线识别病虫害类别，并提出施药意见，为农业生产提供极大的便利性。

十一、农产品加工

1. 粮油产品加工技术

研发优化了传统主食工业化生产技术和生产工艺，开

发了满足市场对营养健康需求的大米适度加工产品。研发
了粮油制品专用蛋白和短肽绿色制备关键技术，制定了南
方米粉丝品质评价新方法和大米原料标准；研发了两段糊
化、变温干燥等加工关键技术，解决了米粉易糊汤和断条
技术难题。改进了制油技术和副产物综合利用技术，推进
了花生油、茶籽油等特色油脂的标准化加工和提升质量安
全水平；对油粕、果壳等加工副产物进行了高值化综合利
用研究，从油脚中提取甾醇等功能成分，添加到茶油中提
高油脂的抗氧化性和营养价值。

2. 果蔬产品加工技术

根据岭南水果的成分特性与加工特性，筛选了加工专
用品种，研发了果蔬采后处理、保鲜贮运、鲜切蔬菜、干
制、制汁、冷冻等商品化处理及产地初加工技术与装备，
研发了果蔬精深加工技术及装备。创立了大宗水果果酒、
果醋和乳酸菌发酵饮料的加工技术体系，开发了高品质的
荔枝酒、荔枝醋及醋饮料和果蔬乳酸发酵饮料等系列新产
品。发现了不同贮藏期陈皮中香精油和黄酮含量的变化规
律，部分解释了"陈皮越陈越佳"的原因，构建了新会陈
皮标准化生产加工技术体系。

3. 畜禽水产乳制品加工技术

研究广东腊肠腊肉、盐水鸡、盐焗鸡等地方特色风味
肉制品加工过程中品质变化规律、质量控制技术，开发了
系列新产品新装备，建立了腊肠腊肉高温热泵节能干燥新

工艺以及利用抗氧化肽的品质调控技术，研制了盐水鸡盐焗鸡微生物快检、超高压杀菌、天然防腐剂研发、副产物综合利用及肉糜改性等系列加工新技术。集成研究了冰鲜肉的降温装备、降温工艺、生产、贮藏和销售过程中的品质变化及控制方法，使"冰鲜猪肉货架期"大幅度提升。改进了罗非鱼加工工艺过程的活体发色技术和减菌化技术，研发了冰温气调保鲜罗非鱼、液熏罗非鱼、特色罐头、腊制罗非鱼等新产品。研发了乳制品安全、绿色加工技术，形成多样化乳品产品结构，保障乳及乳制品安全。

4. 功能食品加工技术

创新了荔枝、龙眼、苦瓜、南瓜和冬瓜功能性食品基料的新型加工工艺，分别将其应用于焙烤制品、营养米排粉和临床营养品的加工中。创建临床营养代餐食品加工技术，创制出适合中国人肠胃的临床营养粉剂和乳剂；创制了全谷物冲调食品品质改良关键技术装备，显著改善了产品的营养结构与食用方便性。成功开发出十余种具有改善记忆、降尿酸、抗疲劳、美容等功效显著和功能因子明确的系列功能性肽。研发了系列促发酵肽的高效制品和应用调控新技术，成功应用到酱油、啤酒和苏氨酸等三大类产品的工业化生产中。

十二、农业资源与环境

1. 水土资源高效利用与农田污染治理修复技术

研究与推广应用水肥一体化灌溉施肥技术，集成了主要作物水肥一体化模式，构建了液体肥料加肥站营销模式、基于物联网的农化服务平台。大力推广作物"测土配方"施肥技术，形成了"测土、配方、配肥、供肥、施肥技术指导"一体化的综合服务的技物结合模式，化肥利用率得到了进一步提高。示范推广耕地保护与质量提升技术，大力推广秸秆还田腐熟技术、恢复绿肥种植面积、增施农家肥和商品有机肥等，促进了秸秆等有机肥资源的转化利用，减少污染。研制了酸性硫酸盐土壤改良剂及其施用技术，制成了酸性硫酸盐土壤改良剂，探索出了一套行之有效的轻简化酸性土壤改良方案。研究推广了冷浸田改良与地力提升关键技术，创制了功能微生物产品生物稻糠和促前攻苗施肥法等技术。研究和示范推广了镉/铅污染农田的农艺综合修复技术，实施中轻度镉/铅污染菜地/稻田的修复试验示范，有效阻控重金属进入食物链、降低农田重金属毒性和污染风险。研发推广了红壤区镉砷污染农田的安全利用关键技术，创建了功能互补的生理阻隔与土壤钝化相结合的技术体系，研制成硅溶胶、硒/硅溶胶、铁基生物炭、铁基腐殖质新产品并加以应用，实现了轻度污染稻田稻米镉与无机砷含量同步达标。

2. 农业绿色投入品使用与清洁生产技术

大力推广化肥减量增效技术，研制了多种土壤调理剂、高效新型叶面肥、生长调控型水稻专用长效肥、功能性增效复配型有机营养液肥等，形成了农作物精准施肥技术规范和推广模式。推广应用了控/缓释肥与水稻一次性施肥技术和水稻"三控"技术，集成控肥、控苗、控病虫等技术措施，实现了水稻生产的减肥、减药的"双减"目标。推广应用了农作物病虫害绿色生态防控技术系列科研成果和茶园农药减施增效技术。研究应用了生物降解地膜及覆盖栽培技术，消除了农田的"白色"污染。集成应用了蔬果类农产品中农药残留、重金属、硝酸盐快速检测技术；构建了广东省农田面源污染监测平台，集成了农田面源污染减排技术模式并在全省推广应用，完善了广东省区域面源污染监测技术和预警体系建设。

3. 农业废弃物处理与种养生态循环技术

大力推广农业农村废弃物高效处理及资源化再生利用系列研究成果。包括畜禽粪污零排放资源化利用整体设计及运行技术；畜禽养殖废水生物-生态处理及回灌农田技术；农业废弃物生物高效处理及资源化再生利用成套技术；粪污无害化处理及资源化利用技术；利用鱼虾原料生产富含新型生物刺激剂菌肥的关键技术；防病、促生功能微生物菌剂发酵工艺及产品应用；餐厨废物生物处理及绿色再生利用技术；生物质炭的制备与土壤改良技术；食品加工业废弃物生产高浓度有机液肥技术等。

研发了桑基鱼塘复兴技术与种养循环技术，试验示范了桑基鱼塘复兴技术与种养循环技术并在珠江三角洲地区推广应用；研发推广蚕沙消毒堆肥一体化技术，解决了养蚕业废弃物的污染问题。综合桑基鱼塘中各环节相关的物质、生物和文化资源，实现桑基鱼塘技术复兴。

十三、植保

1. 开发出全程信息化管理的绿色农药补贴补偿机制

世界银行贷款项目开发了全程信息化管理的绿色农药补贴机制和村镇激励机制，为绿色农药和病虫害绿色防控技术的推广应用提供平台，推广了新型高效植保机械，规范农药使用行为，有效保障了全省农药使用安全。在农作物增产前提下，减少化学农药使用量20％以上，2018年全省农药使用量已提前实现零增长。

2. 构建农业投入品信息化全程追溯监管体系

建立了农药信息化全程追溯监管体系，实施农药产品可追溯电子信息码制度、农药经营进销台账记录制度和农药使用记录制度，从农药生产、经营和使用等环节加强溯源管理。2018年1月1日起生产的农药产品在标签上标注可追溯二维码；广东省开发了广东省限制使用农药经营管理软件，对限制使用农药实行实名销售。在生产许可证、经营许可证等行政许可审批速度和进度方面走在全国前列。

3. 建立了抗药性小菜蛾治理技术体系

明确了小菜蛾成灾的规律与机制，建立了小菜蛾中期预警技术，规范了全国小菜蛾抗性监测方法，制定了行业标准，明确了我国五大区域小菜蛾抗性变化规律，绘制了小菜蛾对 12 种代表性药剂抗性分布区域图，揭示了小菜蛾抗性机制，成功研发了氯虫苯甲酰胺、阿维菌素等药剂抗药性快速检测试剂盒和小菜蛾成虫电击车、诱捕器等关键技术；针对我国十字花科蔬菜的生产模式，组建了具有显著区域及种植模式特色的抗药性区域。

4. 建立了中国-东盟地区农业入侵有害生物预警与防控体系

在中国-东盟地区开展了农业入侵有害生物预警与防控的区域性科技合作，摸清了东盟 6 国重要关注对象的种类与分布，完成了实蝇类、椰子织蛾等 9 种重要对象的风险评估，研制出实蝇监测、检疫处理及防控新技术，并组建以"预警外延，区域防控"为核心的技术体系；搭建了中国-东盟农业外来有害生物预警与防控平台，构建了中国-东盟自贸区农业外来有害生物阻截带，开展了水稻、水果、蔬菜等领域的国际合作交流。

十四、农产品质量安全

1. 农产品质量安全监测

广东省形成了以农业农村部部级质检中心为龙头、地市级质检中心为骨干、县级综合质检所（站）为基础、乡镇（生产基地、批发市场）速测实验室为补充的全省农产品质量安全检验检测体系。目前，全省市、县已经建立检测机构超过 120 家，检测项目基本涵盖了主要农产品、农业投入品和农业环境等相关领域。同时，联合省内各地级市农检中心，组织其市所管辖的多个专业镇的 300 家企业共建检验检测体系平台，为建立广东省农产品质量安全监控提供了有力保障。另外，在农产品产地环境污染评价与监测方面，通过研究产地与农产品污染的相关性分析技术，开展了农产品产地安全等级划分技术及划分结果不确定性分析技术，制定蔬菜安全评价体系，指导在适宜的地区合理种植蔬菜种类。建立了一套广东省重金属污染分级评价与防控体系，已在韶关、江门、中山、东莞等广东省十地市得到推广应用，为产地环境重金属污染和监测提供了有效的数据支撑和技术支持。

2. 农产品质量安全追溯

农产品质量安全追溯就是利用现代信息管理技术追踪农产品从产前、产中、产后全过程信息的手段。近年来，广东省加快了以大宗、优势、特色农产品为重点的农产品质量追溯平台的建设，在开展农产品质量安全追溯管理工作的基础上，制订出台了《广东省全面推广应用国家追溯平台实施方案》、下发了《关于全面推广应用国家农产品质量安全追溯平台的通知》。以畜禽、果蔬、粮食、加工品为对象，研发特色农产品质量安全追溯系统、相关技术和装备，集成和开发了面向生产加工、物流配送、市场交易、销售溯源等不同环节的应用系统，构建了面向不同类型农产品的质量安全跟踪和溯源模式。

第二节 涉农知识产权

一、涉农专利

1. 广东涉农专利申请量、授权量年度变化情况

2012—2018 年，广东公开的专利申请量与授权量逐年递增。7 年来，全省总计专利申请量 167.185 5 万件、授权量 113.895 0 万件，其中涉农专利申请量 2.882 3 万件、授权量 1.311 4 万件，分别占全省总数的 1.72% 和 1.15%。由表 1-1 可知，涉农专利申请量从 2012 年的 1 407 件增加到 2018 年的 6 936 件、增幅高达 393%，授权量从 2012 年的 985 件增加到 2018 年的 3 563 件、增幅高达 262%，其中以 2016 年增长最快。

表 1-1 2012—2018 年广东涉农专利申请量和授权量变化趋势

年份	发明专利（件）		实用新型（件）		合计（件）	
	申请	授权量	申请	授权量	申请	授权量
2012	937	571	470	414	1 407	985
2013	1 216	619	562	580	1 778	1 199
2014	1 561	537	753	701	2 314	1 238
2015	2 093	590	1 139	897	3 232	1 487
2016	4 058	751	2 126	1 423	6 184	2 174
2017	4 253	617	2 719	1 851	6 972	2 468
2018	4 569	727	2 367	2 836	6 936	3 563
合计	18 687	4 412	10 136	8 702	28 823	13 114

2. 广东涉农专利申请量、授权量行业分布情况

2012—2018 年，广东公布涉农专利申请最多的领域是种植业，申请量为 11 125 件，占涉农专利申请总量（28 823 件）的 38.60%；其次是食品加工业 5 457 件、占 18.93%。

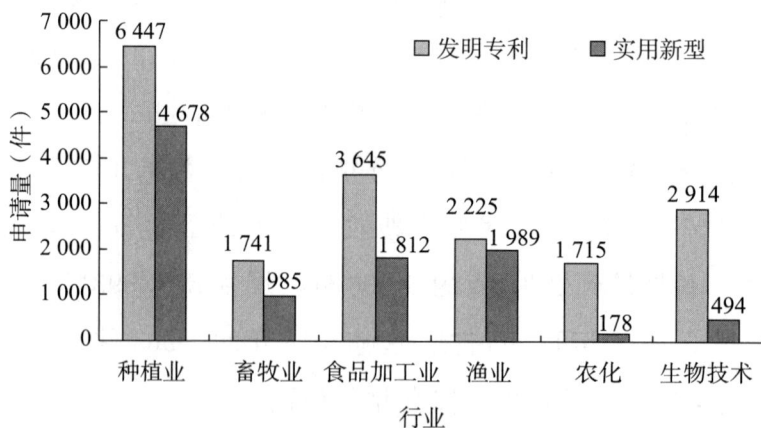

图 1-1　2012—2018 年广东涉农专利申请量行业分布

涉农专利授权最多的领域也是种植业，授权量为 5 179 件，占授权总量（13 114 件）的 39.49%，其中发明专利 1 168 件、实用新型 4 011 件。各领域发明专利授权量表现为种植业 1 168 件＞生物技术 1 067 件＞食品加工业 822 件＞渔业 602 件＞农化 403 件＞畜牧业 350 件。

3. 广东省涉农专利申请主体构成情况

企业已然成为广东农业创新主体。在 2012—2018 年公开的涉农专利申请中，企业申请 17 321 件、占总量

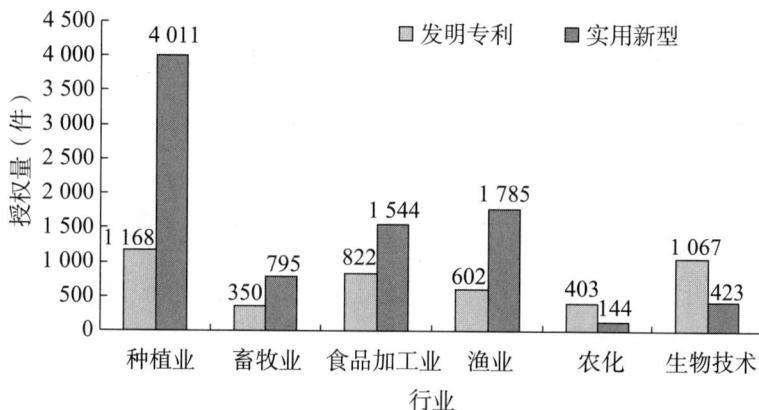

图 1-2　2012—2018 年广东涉农专利授权量行业分布

（28 823 件）的 60.09%，远高于农业高校 13.63%、农业科研机构 6.62%、个人 18.13% 的占比。本次统计农业科研机构数据包括中央驻粤农业科研机构，广东省农垦总局未查到有涉农专利申请和获批。

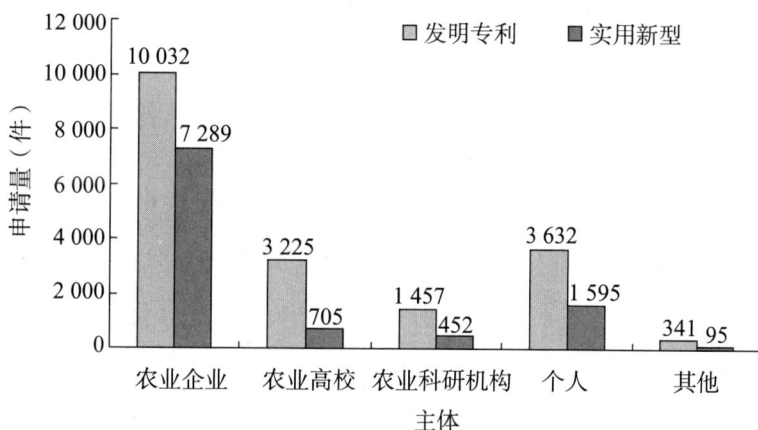

图 1-3　2012—2018 年不同主体涉农专利申请量分布

在获得专利授权的主体中，企业同样高居榜首，授权量为 8 379 件，占授权总量（13 114 件）的 63.89%；农业高校授权量是 1 709 件、农业科研机构 1 004 件。各主体发明专利授权量表现为企业 2 237 件＞农业高校 1 132 件＞农业科研机构 570 件＞个人 341 件＞其他主体 132 件。可见，企业已替代科研单位成为农业创新中的主体，且主体地位不断强化。

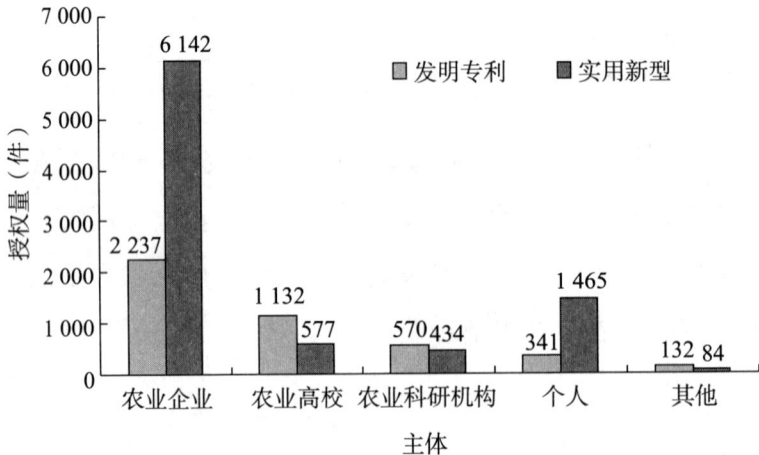

图 1-4　2012—2018 年不同主体涉农专利授权量分布

2012—2018 年间，广东省农业科学院共申请涉农专利 402 件，获批发明专利 122 件、实用新型专利 33 件。其中，蚕业与农产品加工研究所以申请量 110 件、授权量 35 件居各所之首；农业资源与环境研究所位居第二，申请量 50 件、授权量 33 件；植物保护研究所排第三，申请量 37 件、授权量 21 件。

表 1 - 2　2012—2018 年广东省农业科学院下属科研机构

专利申请量、授权量情况

科研单位	发明专利（件）		实用新型（件）		合计（件）	
	申请	获批	申请	获批	申请	获批
水稻研究所	18	3	0	0	18	3
果树研究所	27	11	2	2	29	13
蔬菜研究所	25	9	9	9	34	18
作物研究所	34	14	1	2	35	16
植物保护研究所	31	15	6	6	37	21
动物科学研究所	20	7	7	5	27	12
蚕业与农产品加工研究所	109	34	1	1	110	35
农业资源与环境研究所	45	21	5	11	50	33
动物卫生研究所	23	4	1	1	24	5
农业经济与农村发展研究所	9	0	0	0	9	0
茶叶研究所	16	3	0	0	16	3
环境园艺研究所	8	0	0	0	8	0
农业生物基因研究中心	7	0	0	0	7	0
农产品公共监测中心	2	1	1	1	3	2
农业科研试验示范场	0	0	2	1	2	1
合计	367	122	35	33	402	155

2012—2018 年间，农业企业以深圳诺普信农化股份有限公司的涉农专利授权量最大、达 61 件（60 件发明专利），这是一家专注于农业生物高新技术产品研发、生产、销售推广及农业技术服务的国家级高新技术企业，国内农药制剂领域上市公司。排第二的是深圳市铁汉生态环境股

份有限公司 51 件（9 件发明专利），该公司主营业务涵盖
生态环保、生态景观、生态旅游、生态农业四大方向。排
第三的是广东中迅农科股份有限公司涉农专利授权量达
50 件且均为发明专利，这是一家集农药、药肥及相关农
资产品的研发、生产、销售和服务于一体的国家级高新技
术企业。温氏食品集团股份有限公司 2012—2018 年获得
专利授权 47 件（发明专利 10 件）、位列第四，该公司掌
握畜禽育种、饲料营养、疫病防治等方面的关键核心技
术，拥有多项国内外先进的育种技术，现有国家畜禽新品
种 9 个、获得省部级以上科技奖励 58 项。

表 1 - 3　2012—2018 年农业企业涉农专利申请量、
授权量情况（排名前十）

企业名称	发明专利（件）		实用新型（件）		合计（件）	
	申请	获批	申请	获批	申请	获批
深圳诺普信农化股份有限公司	55	60	1	1	56	61
深圳市铁汉生态环境股份有限公司	46	9	44	42	90	51
广东中迅农科股份有限公司	222	50	0	0	222	50
温氏食品集团股份有限公司	51	10	39	37	90	47
湛江市渔好生物科技有限公司	10	0	35	35	45	35
湛江市五创海洋生物科技有限公司	0	0	0	0	30	30
深圳市芭田生态工程股份有限公司	126	19	7	7	133	26
湛江市汉成科技有限公司	3	0	26	25	29	25
华星环球（深圳）农业有限公司	1	0	24	24	25	24
徐闻县正茂蔬菜种植有限公司	0		22	22	122	23

4. 广东省涉农专利地市分布情况

珠三角地区的专利申请量和授权量远远大于粤东西北地区，可见区域经济发展与专利申请量密切相关。表现不俗的是粤西地区的湛江，申请量 1 366 件、授权量 873 件，均仅次于广州、深圳、佛山、东莞，全省排名第五，主要是因为该市拥有湛江国联水产开发股份有限公司、湛江市渔好生物科技有限公司、湛江市五创海洋生物科技有限公司、湛江市汉成科技有限公司、徐闻县正茂蔬菜种植有限公司等一批创新公司。

表 1－4　2012—2018 年广东各地市涉农专利申请量、授权量情况

区域	地市	发明专利（件）		实用新型（件）		合计（件）	
		申请	获批	申请	获批	申请	获批
珠三角	广州	6 678	2 260	2 598	2 213	9 276	4 473
	深圳	2 903	654	2 157	1 868	5 060	2 522
	珠海	380	125	276	248	656	373
	佛山	3 117	227	1 140	979	4 257	1 206
	惠州	894	145	469	414	1 363	559
	东莞	854	240	699	656	1 553	896
	中山	734	112	346	285	1 080	397
	江门	499	90	273	255	772	345
	肇庆	242	45	199	145	441	190

（续）

区域	地市	发明专利（件）		实用新型（件）		合计（件）	
		申请	获批	申请	获批	申请	获批
粤东	汕头	202	74	148	126	350	200
	汕尾	23	8	24	13	47	21
	潮州	156	33	60	49	216	82
	揭阳	82	29	64	50	146	79
粤西	阳江	55	13	54	47	109	60
	湛江	648	205	718	668	1 366	873
	茂名	581	41	113	105	694	146
山区五市	韶关	174	30	216	130	386	160
	河源	136	17	176	129	312	146
	梅州	61	21	101	86	162	107
	清远	159	24	167	112	326	136
	云浮	102	17	149	136	251	143
全省合计		18 680	4 410	10 147	8 714	28 823	13 114

二、植物新品种权保护

植物新品种保护对鼓励育种创新，促进现代种业发展起到重要作用。截至 2019 年 4 月，我国农业植物新品种保护名录包括大田作物 35 个、蔬菜 44 个、观赏植物 42 个、果树 24 个、牧草 12 个、菌类 15 个、药用植物 18 个（表 1-5）。

表1-5 我国农业植物新品种保护名录

作物类别	数量（个）	具体名录
大田作物	35	水稻、玉米、普通小麦、大豆、甘蓝型油菜、花生、甘薯、谷子、高粱、大麦属、苎麻属、棉属、亚麻、桑属、芥菜型油菜、绿豆、豌豆、橡胶树、茶组、芝麻、木薯、甘蔗属、小豆、燕麦、烟草、向日葵、荞麦属、白菜型油菜、薏苡属、蓖麻、甜菜、稷（糜子）、大麻槿（红麻）、可可、苋属
蔬菜	44	大白菜、马铃薯、普通番茄、黄瓜、辣椒属、普通西瓜、普通结球甘蓝、食用萝卜、茄子、蚕豆、菜豆、豇豆、大葱、西葫芦、花椰菜、芹菜、胡萝卜、甜瓜、大蒜、不结球白菜、莲、芥菜、芥蓝、莴苣、苦瓜、冬瓜、菠菜、南瓜、丝瓜属、青花菜、洋葱、姜、茭白（菰）、芦笋（石刁柏）、山药（薯蓣）、菊芋、咖啡黄葵、魔芋属、芋、荸荠、蕹菜（空心菜）、芫荽（香菜）、韭菜、紫苏
观赏植物	42	春兰、菊属、石竹属、唐菖蒲属、兰属、百合属、鹤望兰属、补血草属、非洲菊、花毛茛、华北八宝、雁来红、花烛属、果子蔓属、蝴蝶兰属、秋海棠属、凤仙花、非洲凤仙花、新几内亚凤仙花、万寿菊属、郁金香属、仙客来、一串红、三色堇、矮牵牛（碧冬茄）、马蹄莲属、铁线莲属、石斛属、萱草属、薰衣草属、欧报春、水仙属、石蒜属、睡莲属、天竺葵属、鸢尾属、芍药组、六出花属、香雪兰属、蟹爪兰属、朱顶红属、满天星

（续）

作物类别	数量（个）	具体名录
果树	24	梨属、桃、荔枝、苹果属、柑橘属、香蕉、猕猴桃属、葡萄属、李、草莓、龙眼、枇杷、樱桃、芒果、杨梅属、椰子、凤梨属、番木瓜、木菠萝（波萝蜜）、无花果、芭蕉属、量天尺属、西番莲属、梅
牧草	12	紫花苜蓿、草地早熟禾、酸模属、柱花草属、结缕草、狗牙根属、鸭茅、红车轴草（红三叶）、黑麦草属、羊茅属、狼尾草属、白车轴草（白三叶）
菌类	15	白灵侧耳、羊肚菌属、香菇、黑木耳、灵芝属、双孢蘑菇、金针菇、蛹虫草、长根菇、猴头菌、毛木耳、蝉花、真姬菇、平菇（糙皮侧耳、佛罗里达侧耳）、秀珍菇（肺形侧耳）
药用植物	19	人参、三七、枸杞属、天麻、灯盏花（短莛飞蓬）、何首乌、菘蓝、甜菊（甜叶菊）、红花、淫羊藿属、松果菊属、金银花、柴胡属、黄芪属、美丽鸡血藤（牛大力）、穿心莲、丹参、黄花蒿、砂仁

1. 年度变化趋势

近年来，广东省不断加强植物新品种保护的宣传，申请保护的品种明显增加，尤其是 2014 年开始呈井喷态势，2016 年授权量达到高峰；2018 年又有所回落，当年申请农业植物新品种权 58 件、获得授权 38 件。截至 2018 年

年底，全省累计申请植物新品种权 680 件，获得植物新品
种授权 280 件（表 1-6、图 1-5）。广东省农科院水稻研
究所育成并获新品种权的水稻不育系"广 8A"，通过品种
权转让获得近 2 000 万元；广东省农科院果树研究所以育
成并获新品种权的中蕉 9 号、中蕉 4 号香蕉入股一家种苗
公司，获 30% 股权，极大地调动了科研人员的积极性，
并加快了新品种的推广应用。

表 1-6　广东历年来植物新品种申请量、授权量变化趋势

年份	申请量	授权量
2003		3
2004		1
2005		2
2006		3
2007		12
2008		13
2009		14
2010		4
2011		4
2012		7
2013		7
2014		12
2015		51
2016		54

（续）

年份	申请量	授权量
2017		55
2018	58	38
合计	680	280

注：数据来源于农业农村厅各年度广东省农作物植物新品种授权公告名录 http：//www. zzj. moa. gov. cn/gggs/zwxpzbhbgsgb/、农业部植物新品种保护办公室网站 http：//www. cnpvp. cn/、中国植物新品种保护信息网 http：//www. xinpinzhong. cn/。

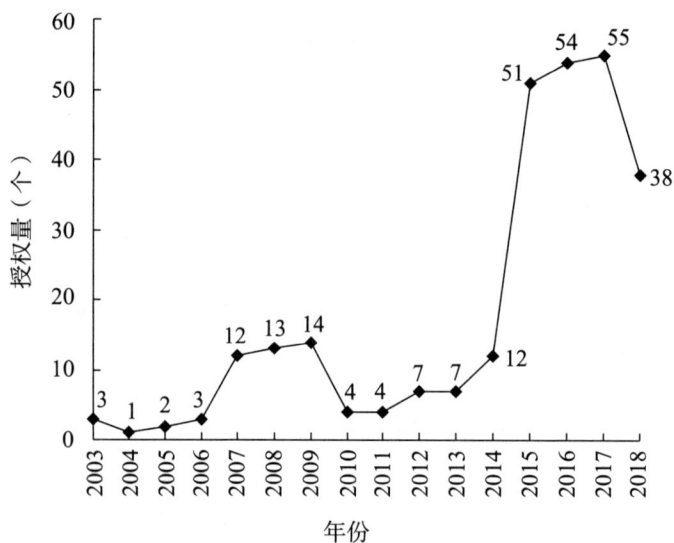

图 1-5　广东历年来植物新品种申请量、授权量变化

2. 作物种类构成

从表 1-7 中可以看出，广东植物新品种保护作物种类主要集中在水稻、大豆、玉米等大宗作物上，其中水稻

166 个、占总数的 59.3%，大豆 18 个、玉米 11 个、棉属 9 个、花生 7 个。

表 1-7 不同作物种类新品种保护申请和授权情况

作物种类	数量	备 注
水稻	166	
大豆	18	
玉米	11	
花生	7	
蔬菜	4	油菜 3 个、普通番茄 1 个
果树	1	香蕉
花卉	1	秋海棠属
桑属	5	
烟草	1	
甘蔗属	1	
棉属	9	
普通小麦	1	
合计	280	

3. 申请主体构成

从申请主体来看，科研推广机构获授权最多、高达 113 个，其中广东省农业科学院以 78 个授权量高居所有申请主体榜首，以水稻、花生、玉米、桑属为主，香蕉和烟草各 1 个（图 1-6）。国家杂交水稻工程技术研究中心清华深圳龙岗研究所有 15 个水稻品种获得植物新品种授权。作为地市级农业科学研究所，汕头市农业科学研究所和肇庆市农业科学研究所科研实力也较强，分别有 5 个、4 个品种获得授权。

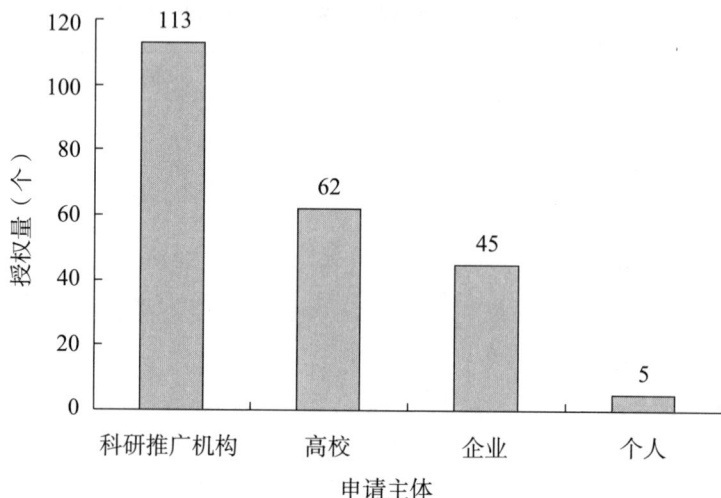

图 1-6　不同类型申请主体植物新品种保护授权量比较

广东高校共获得植物新品种保护授权 62 个，仅涉及华南农业大学和广东海洋大学两所大学，其中华南农业大学获授权 59 个，作物种类主要集中在水稻和大豆上，普通小麦、普通番茄和玉米也有少量。

以企业为申请主体获得的植物新品种授权量有 45 个，其中创世纪种业有限公司 8 个、创世纪转基因技术有限公司 7 个、广东粤良种业有限公司和深圳市兆农农业科技有限公司分别有 4 个。

此外，还有 5 个新品种是个人申请保护的，主要涉及玉米和水稻（表 1-8）。

表 1-8 不同申请主体植物新品种保护授权情况及作物种类

类别	申请主体	授权量	涉及作物种类
高校	华南农业大学	59	水稻、大豆、普通小麦、普通番茄、玉米
	广东海洋大学（原湛江海洋大学）	3	水稻
	小计	62	
科研推广机构	广东省农业科学院	78	水稻、花生、玉米、桑属、香蕉、烟草
	国家杂交水稻工程技术研究中心清华深圳龙岗研究所	15	水稻
	汕头市农业科学研究所	5	水稻4、花生1
	清华大学深圳研究生院	4	水稻
	广东农作物杂种优势开发利用中心（原广东省农作物杂种优势利用站）	4	水稻
	肇庆市农业科学研究所	4	水稻
	中国科学院华南植物园	3	秋海棠属、水稻
	小计	113	
企业	创世纪种业有限公司	8	棉属5、水稻3
	创世纪转基因技术有限公司	7	甘蓝型油菜、棉属
	广东粤良种业有限公司	4	水稻
	深圳市兆农农业科技有限公司	4	水稻
	广东省金稻种业有限公司	3	水稻
	广东天弘种业有限公司	3	水稻
	深圳市百绿生物科技有限公司	3	玉米
	湛江神禾生物技术有限公司	3	水稻

（续）

类别	申请主体	授权量	涉及作物种类
	广州市金粤生物科技有限公司	2	水稻
	广东源泰农业科技有限公司	2	水稻
	广东省农科集团良种苗木中心	1	玉米
	广东现代金穗种业有限公司	1	水稻
	广东田联种业有限公司	1	水稻
	广东华茂高科种业有限公司	1	水稻
	梅州金竹农业科技有限公司	1	水稻
	珠海市鲜美种苗发展有限公司	1	玉米
	小计	45	
个人		5	
总计		225	

三、农产品地理标志

1. 省际比较

截至 2019 年 5 月，全国共有地理标志农产品 2 599 个。其中，山东省排第一、高达 324 个，比排名第二的四川省高出 154 个；除山东和四川外，地理标志农产品数量在 100 个以上的省份有湖北、山西、黑龙江、新疆、广西、内蒙古、河南（表 1-9）。广东省的地理标志农产品仅 34 个、仅占全国总数的 1.31%，在全国排名倒数第七（除港澳台外）。

表 1-9 我国各省份地理标志农产品数量分布情况

序号	省份	地理标志农产品数量	序号	省份	地理标志农产品数量
1	山　东	324	18	湖　南	70
2	四　川	170	19	江　苏	67
3	湖　北	147	20	安　徽	66
4	山　西	145	21	宁　夏	60
5	黑龙江	127	22	青　海	59
6	新　疆	121	23	重　庆	50
7	广　西	118	24	河　北	38
8	内蒙古	108	25	广　东	34
9	河　南	107	26	海　南	24
10	辽　宁	98	27	吉　林	21
11	陕　西	97	28	西　藏	20
12	甘　肃	95	29	上　海	14
13	江　西	88	30	北　京	13
14	云　南	82	31	天　津	8
15	福　建	79	32	台　湾	0
16	浙　江	77	33	香　港	0
17	贵　州	72	34	澳　门	0

注：数据来源于农产品地理标志信息查询网 http://www.anluyun.com/。

2. 省内比较

截至 2019 年 5 月，广东共有 34 个产品获得国家农产品地理标志证书。从登记时间来看，广东 2011 年开始有农产品获得地理标志登记保护，获批登记数量整体上逐年呈上升趋势。以 2018 年获得登记保护的地理标志农产品最多、达 9 个；2016 年 8 个、2017 年 5 个，其他年份都在 1~3 个之间。从地区来看，广东 34 个地理标志农产品分布在江门、佛山、梅州、清远、潮州、广州、东莞、深圳、茂名九市。江门市有 8 个农产品获得地理标志，数量达全省最大；佛山、梅州、清远市分别有 4 个地理标志产品；潮州市有 3 个。从产品类别来看，种植业产品 27 个、养殖业产品 7 个。

表 1-10　广东获得国家农产品地理标志证书产品名录

序号	产品名称	产地	产品编号	证书持有者	登记份
1	信宜怼仔鱼	茂名	AGI00625	信宜市大地怼仔鱼专业合作社	2011
2	高堂菜脯	潮州	AGI00690	饶平县高堂菜脯加工企业协会	2011
3	饶平狮头鹅	潮州	AGI00938	饶平县农业技术推广中心	2012
4	马冈肉鹅	江门	AGI01216	开平市禽业协会	2013
5	岭头单丛茶	潮州	AGI01151	饶平县浮滨镇兴农茶叶专业合作社	2013
6	杜阮凉瓜	江门	AGI01328	江门市蓬江区杜阮镇农业服务中心	2013
7	连州菜心	清远	AGI01419	连州市农作物技术推广站	2014
8	炭步槟榔香芋	广州	AGI01420	广州市花都区炭步镇农业技术推广站	2014

（续）

序号	产品名称	产地	产品编号	证书持有者	登记份
9	鹤山红茶	江门	AGI01767	鹤山市农产品质量监督检验测试中心	2015
10	恩平簕菜	江门	AGI01766	恩平市农业科学技术研究所	2015
11	大埔蜜柚	梅州	AGI01765	大埔县蜜柚行业协会	2015
12	连州水晶梨	清远	AGI01846	连州市水果技术推广总站	2016
13	台山大米	江门	AGI01847	台山市粮食行业协会	2016
14	大埔乌龙茶	广州	AGI01969	大埔县茶叶行业协会	2016
15	镇隆荔枝	惠州	AGI01970	惠州市惠阳区镇隆镇荔枝生产协会	2016
16	麻涌香蕉	东莞	AGI01971	东莞市麻涌镇农业技术服务中心	2016
17	三水黑皮冬瓜	佛山	AGI01972	佛山市三水区农林技术推广中心	2016
18	福田菜心	惠州	AGI01973	博罗县福田镇农业技术推广站	2016
19	清远黑山羊	清远	AGI01974	清远市畜牧技术推广站	2016
20	东莞荔枝	东莞	AGI02101	东莞市荔枝协会	2017
21	台山青蟹	江门	AGI02133	台山市青蟹养殖协会	2017
22	客都稻米	梅州	AGI02228	梅州市客都稻米协会	2017
23	龙门大米	梅州	AGI02227	龙门县农产品行业协会	2017
24	甜水萝卜	江门	AGI02226	江门市新会区崖门镇农业综合服务中心	2017
25	梅江区清凉山茶	梅州	AGI02339	梅州市梅江区茶叶协会	2018
26	顺德国兰	佛山	AGI02415	佛山市顺德区国兰协会	2018

（续）

序号	产品名称	产地	产品编号	证书持有者	登记份
27	阳山西洋菜	清远	AGI02416	阳山县农业科学研究所	2018
28	德庆何首乌	肇庆	AGI02417	德庆县农业技术推广中心	2018
29	德庆巴戟	肇庆	AGI02418	德庆县农业技术推广中心	2018
30	阳山鸡	清远	AGI02419	阳山县畜牧技术推广站	2018
31	江门牛大力	江门	AGI02491	江门市牛大力种植协会	2018
32	陈村年橘	佛山	AGI02492	佛山市顺德区 陈村花卉协会	2018
33	顺德鳗鱼	佛山	AGI02493	佛山市顺德区水产商会	2018
34	黄田荔枝	深圳	AGI02569	深圳市宝安区航城街道 黄田荔枝发展协会	2019

注：数据来源于农产品地理标志信息查询网 http://www.anluyun.com/。

第三节　农业农村科技对外合作

一、农业科技国际交流与合作

1. 种质资源建设

目前，广东共建成水稻、旱地作物、蔬菜、畜禽、南亚热带果树、热带亚热带植物等49个生物种质资源库和1个生物种质资源数据库，各类自然科学资源总数超过35万份，其中生物种质资源总数达17.6万份，与建设前的6.8万份相比显著增加。广东省农业生物种质资源保存规模国内最大，共保存各种农业种质资源6.6万多份，8个资源库被纳入国家资源圃分圃或国际种质资源中心。广东生物种质资源库在注重区域及广东境内资源收集的同时，围绕各自特色与核心种质资源收集与保育，近5年来加强了全国及国外引种。通过加强生物种质资源的保护和利用工作，支持保存种场地的建设与设施升级，使本省种质资源库基础条件和设施达到国内领先水平，为生物种质资源范围不断扩大提供坚强保障。

2. 国际科技合作基地建设

2014年，广东省农业科学院牵头建立中国-东盟重大农业外来有害生物预警与防控平台，形成多国共同行动、合作应对农业外来有害生物的防控机制。参与建立中国-东盟科技协作网并承担协作网秘书处日常工作，被省外事部门列为重点工作。

2016年，英国兰卡斯特大学、中国科学院广州地球化学研究所与华南农业大学合作共建的中英环境科学研究中心（国际联合实验室）签约暨揭牌仪式在华南农业大学举行。国际联合实验室依托华南农业大学农业资源与环境、林业生态学等学科，兰卡斯特大学环境中心和中国科学院环境地球化学学科优势力量，围绕国际农业环境热点问题，以土壤、水环境、绿色采矿和新能源技术为重点，以建设国家级农业环境平台为目标，组织中英高层次科学家、深入开展科研、教学和平台建设。

3. 国际科技合作项目建设

近年来，广东省着力建立多层次国际科技合作机制，推动与以色列、荷兰、奥地利及英国开展双边合作项目，实施国家重点研发计划战略性、政府间国际科技创新合作重点专项，取得显著成效。组织国际科技项目对接会，与英国创新署在伦敦共同签署了产业技术研发合作谅解备忘录，进一步搭建国际科技交流平台。加强粤港澳台科技交流与合作，继续组织实施粤港联合资助计划。在农业领域，近年来，广东省依托重点涉农高校院所，积极推进各领域多形式的国际合作与交流，多批次派出科研人员开展国际合作研究、访问、学术交流；广泛搭建国际合作渠道，并邀请外国专家和科研人员来广东省开展合作研究，积极举办各类型国际合作学术交流。2012—2016年广东省农业科学院国际科技合作项目情况见表1-11。

表1-11　2012—2016年广东省农业科学院国际科技合作项目情况

年份	国际科技合作项目
2012	新签署合作协议10项；获得各类国际合作项目20项，合同经费约1 140万元
2013	签署国际合作协议9份
2014	与相关机构签订国际合作协议11份
2015	获得新立项国际科技合作项目27项，新签署国际科技合作协议10份
2016	获得新立项国际科技合作项目8项，立项经费288万元

4. 国际科技培训、会议和展览

近年来，以华南农业大学、广东省农业科学院为代表的农业高校及科研机构开展了多项学术报告与学术交流，2014 年，华南农业大学共组织学术活动 71 场，主办 3 场国际学术会议，承办 18 场大型学术会议；组织参加 2014 年穗港科技合作交流大数据应用研讨会、珠江科学大讲坛、广东科协论坛等学术活动。第 1 届药剂毒理国际学术研讨会由华南农业大学承办，是我国举办的首届农药药剂毒理的国际学术研讨会。第 4 届国际精准农业航空学术研讨会由华南农业大学承办，来自美国、澳大利亚及国内多所大学、科研机构、企业代表的百余人参会。来自美国农业部研究服务署（USDA ARS）农业航空应用技术中心、德州 A&M 大学、澳大利亚昆士兰大学的 3 位专家做报告；广东省农业科学院共派出 31 批 71 人次出国访问交流，邀请和接待国外专家学者、官员等共 31 批 124 人次。9 月 15—6 日，在"中国与东盟国家农业科技论坛"上，由科技部国际合作司支持，中国农业科学院、广东省农业科学院等单位共同参与筹建的"中国-东盟农业科技协作网"（China-ASEAN Agricultural Science and Technology Network，CASTNet）正式成立。来自印度尼西亚、马来西亚、泰国、越南、老挝等东盟国家农业科研单位的多位领导及专家参会。

2016 年，华南农业大学共举办学术会 260 多场。由广东省科学技术协会、广东院士联络中心和华南农业大学共同主办、华南农业大学科协、华南农业大学海洋学院共同承办的第76期广东院士讲坛——"海洋生物资源保护和利用"在华南农业大学召开，邀请37位国内外海洋生物资源保护与利用方面的知名专家学者出席。同时举行华南农业大学海洋学院与新加坡国立大学热带海洋研究所、香港科技大学海岸海洋研究室共建国际联合实验室合作框架协议签字仪式。组织参加第六届国际硒研讨会暨世界富硒长寿产业联盟大会、2016中韩（广东）科技发展战略及管理创新研讨会等；广东省农业科学院共派出38批101人次开展国际合作研究、学术交流；邀请和接待16批103人次专家、学者、官员来院开展学术交流。与该院水稻研究所合作的国际水稻研究所（IRRI）高级科学家Roland Joseph Buresh博士荣获2016年度中国政府"友谊奖"。2016年8月，在广州召开"第一届中国-东盟农业科技协作网理事会暨第十届香大蕉协作网年度会议"，来自东盟国家等16个国家或地区的26位代表参加会议，进一步加强了与东盟国家在农业科技领域的交流。

5. 农业国际合作人才队伍建设

2013年，广东启动"珠江人才计划"第4批广东省引进创新创业团队及"扬帆计划"首批粤东西北地区创新创业团队的申报及评审，成功引进第4批34个创新创业团队，为本省高层次人才队伍注入新生力量，"扬帆计划"

成功引进 12 个创新创业团队，首次为粤东西北地区引入高层次人才。2013 年，广东省评审引进省第 5 批领军人才 20 名（广东省"珠江人才计划"），全年来粤工作境外专家 13.5 万人次，入选人力资源和社会保障部留学回国人员自主项目 45 个，入选国家外国专家局引进境外技术管理人才项目 39 个，入选外专局"前人计划"外国专家 3 名。实施省重点高端外国专家项目、引智成果示范推广、海外名师和留学人员创业资助等项目 50 多个。实施《外国专家来华邀请函》新政，对外国专家来华停留时间不超过 90 天的，由外国专家主管部门直接签发邀请函。2016 年，广东省评审引进省第 6 批领军人才 33 名，全年来粤工作境外专家 13 万人次，入选人力资源和社会保障部留学回国人员资助项目 18 个，入选国家外国专家局引进境外技术管理人才项目 7 个，入选国家"千人计划"外专项目外国专家 4 名。首次实施珠江人才计划——海外专家来粤短期工作资助计划，资助 58 个专家项目，入选国家首批"首席外国专家项目"1 个，实施省重点高端外国专家项目、引智成果示范推广、海外名师和留学人员创业资助等 100 多个。开展外国人来华工作许可制度试点，将原"外国人入境就业许可"两证整合为"外国人来华工作许可"。实施外国专家来华邀请函新政。落实公安部支持广东的 16 项出入境政策，研究制定外籍高层次人才和港澳台高层次人才认定办法。

二、省内外农业科技交流与合作（含大湾区）

2013 年，广东省加快建设广州南沙、深圳前海、珠海横琴"粤港澳人才合作示范区"。广东省人力资源和社会保障厅（以下简称"省人社厅"）制定印发《关于印发广东省人力资源和社会保障厅推进"粤港澳人才合作示范区"建设总体安排的意见及实施方案的通知》。珠海市在全国率先实行地方人才立法，出台《珠海经济特区人才开发促进条例》。省人社厅与深圳市人社局、深圳前海管理局签订《共建人才工作改革创新窗口单位备忘录》。

三、与其他省份的农业科技交流与合作

2013 年，省科技厅加强科技创新能力和管理干部队伍建设，为全省创新驱动发展提供人才支持与组织保障。广东省科技干部学院作为国家级星火培训基地和广东省科技干部、专业技术人员继续教育基地，全年共举办各类培训班 22 期，包括新疆科技管理业务培训班、西藏林芝地区科技管理干部研修班、内蒙古科技创新助推县域经济发展领导干部专题培训、星火科技培训科技干部、专业技术人员 1 456 人次，联合省级星火培训基地和星火学校开展农村科技创新创业带头人和新型职业农民培训，举办科技讲座 70 多次，培训 7 600 多人次。2015 年，由省科技厅主办、省科技干部学院承办的"新疆喀什地区少数民族科

技骨干综合素质提升培训班""西藏林芝地区科技管理干部研修班"在省科技干部学院举办,来自新疆喀什地区的20位科技骨干参加了培训。举办2期新疆喀什地区和西藏林芝地区科技管理和专业技术人才培训班。在2014年度项目指南中安排了专门经费重点支持援建干部在受援地开展特色产业技术集成与应用示范、建立科技援助平台和培训受援地区科技人才等。2015年,首届内蒙古·广东科技合作活动周在广州开幕,时任中共中央政治局委员、广东省委书记胡春华,省长朱小丹出席"活动周"启动暨签约仪式,并会见了内蒙古自治区主席巴特尔率领的内蒙古代表团。2016年,与新疆喀什签订了《广东科技援疆工作框架协议(2017—2019年)》,开展科技援疆援藏三大重大创新平台建设,推动制定《西藏国家级农业科技园区建设工作方案》,培训干部约60人次。组织召开广东科技援疆成果研讨会,集中展示广东援疆科技成果;建设西藏林芝地区科技示范村和藏药材种植示范园,推动铁皮石斛、玛卡、猪苓、甘青青兰、打箭草、当归、柴胡、红景天、翼首草、鬼臼等药材品种的产业发展。

第二章 农业农村科技体系现状

现代农业是科技型农业，当今世界农业科技高速发展，引领农业发展方式重大变革以及农业产业形态的深刻变化。广东建设现代农业强省，需要强有力的科技支撑。近年来，广东以本省农业科技资源为基础，积极展开农业农村科技体系建设，农业科技创新取得突破性进展，获得了一大批具有自主知识产权的核心技术，农业科技资源优势显著，科技进步和创新已成为加快本省农业发展方式转变的主要支撑，实现以占全国约 2％的耕地面积创造出占全国 6％的农业总产值和 10％的农业增加值。广东省农业科技进步贡献率由 2002 年的 48％提高到 2020 年的 70.2％（高出全国 10 个百分点），主要农作物、猪、家禽良种覆盖率分别达 97％、95％、85％；水稻优质率超过

74％，位居全国第一。

第一节 农业农村科技创新体系

农业农村科技创新体系以农业科研院所、农业高等院校、农业龙头企业和农业科技型企业为创新主体，依托国家和省（部）级重点实验室、工程技术中心、企业科技研发中心，以中青年专家、学术和技术带头人为研究骨干，建成具有较强的知识创新、技术创新、集成创新能力和协同攻关能力的农业科技创新体系，大力提高自主创新能力，解决科技持续供给的问题。广东省已建立起农业农村科技创新体系，农业科技综合竞争力位居全国前列，农业科技优势凸显。

一、农业科技活动投入

广东省农业科技活动投入逐年增加，2012—2017 年全省农、林、牧、渔业科技活动经费收入总额由 2012 年的 12.20 亿元增加到 2017 年的 24.70 亿元、增幅高达 102.46％（图 2-1），其中政府拨款增加了 9.53 亿元、增幅高达 104.61％（图 2-2）。全省农、林、牧、渔业科技活动经费支出总额由 2012 年的 12.72 亿元增加到 2017 年的 22.87 亿元、增幅为 79.80％（图 2-1），其中，科研业务费用支出、劳务费支出、生产性支出分别增长了 82.30％、50.69％、12.90％（图 2-3）。2012—2017 年，农业科研机构和技术开发机构承担的科技活动课题增加 542 个、增幅为 39.39%，2017 年与 2012 相比，课题投入经费增长 56.87%（图 2-4），发表科学论文增加 457 篇，尤其国外发表论文增加最快（增加了 305 篇）、增幅为 346.59%，科技著作增加了 25 种、增幅为 131.58%（图 2-5）。

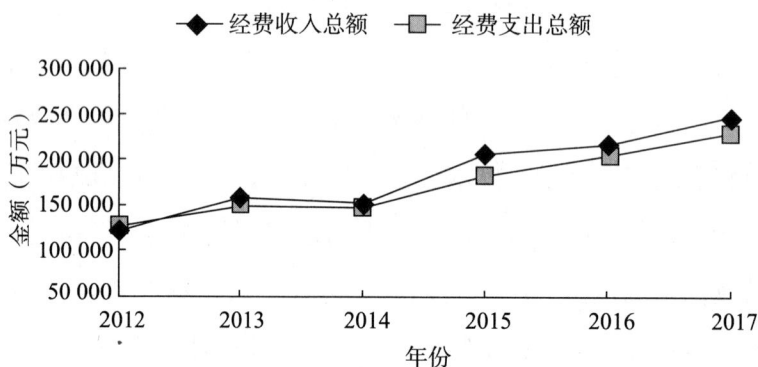

图 2-1　2012—2017 年广东省农业科研经费收入和经费支出总额

注：数据来源于《广东农村统计年鉴 2018》。

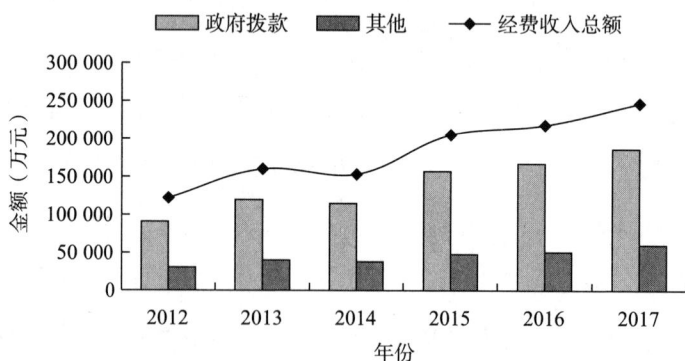

图 2-2　2012—2017 年广东省农业科研经费收入构成

注：数据来源于《广东农村统计年鉴 2018》。

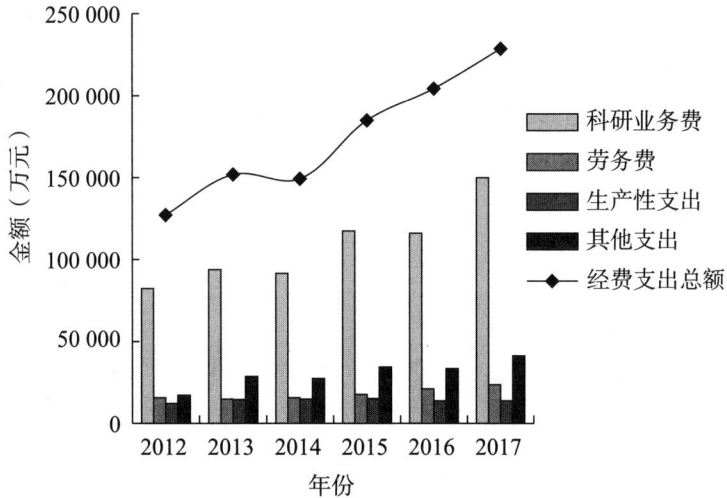

图 2-3　2012—2017 年广东省农业科研经费支出构成

注：数据来源于《广东农村统计年鉴 2018》。

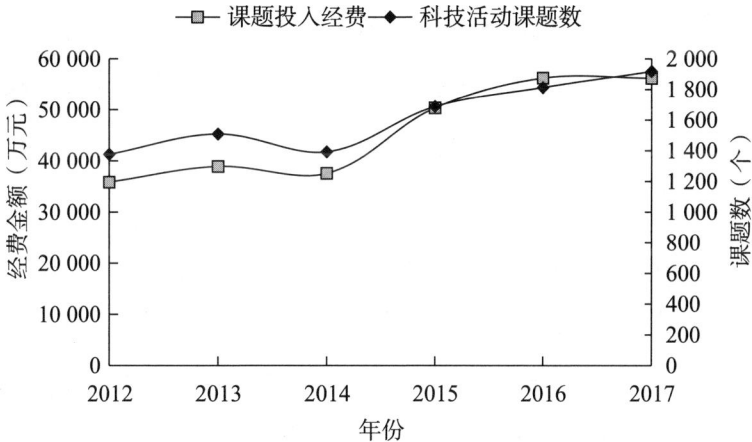

图 2-4　2012—2017 年广东省农业科研课题投入经费和课题数

注：数据来源于《广东农村统计年鉴 2018》。

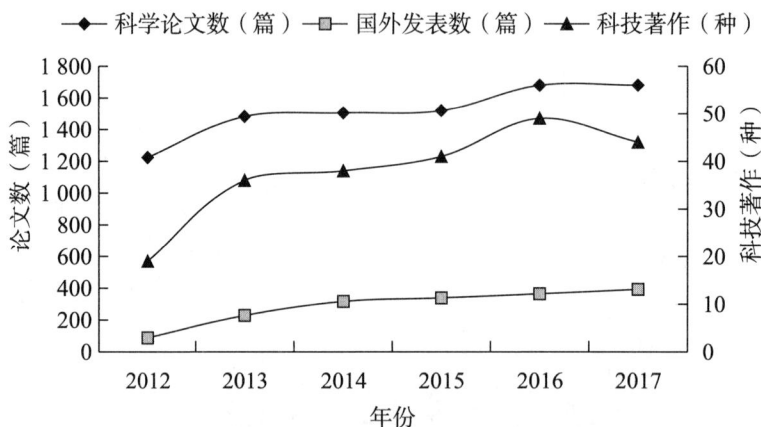

图 2-5　2012—2017 年广东省农业科研课题科学论著产出

注：数据来源于《广东农村统计年鉴 2018》。

二、农业科研机构

1. 农业科研机构实力较强

广东农业科研和教学机构众多，综合实力属于全国领先水平。目前拥有 135 家农业科研机构，其中广东省农业科学院、广东省科学院等 14 家在全国具有较高影响力。在 29 所涉农科研院校中，高等院校的涉农学院众多，主要有中山大学、华南理工大学、华南农业大学、广东海洋大学、仲恺农业工程学院、广东药科大学和佛山科学技术学院等超过 50 个涉农专业学院。建成了国家级重点实验室 5 个，国家工程技术研发中心 4 个，农业农村部重点实验室（实验站/科研基地）41 个；省级农业类重点实验室 46 个、省级农业类工程技术研发中心259个；组织认定127个省级现代农业产业科技创新及转化平台；建成温氏集团研究院、广东农村研究院、华南农业大学新农村发展研究院、仲恺农业工程学院现代农业研究院等一批研究院。

广东省获得的国家级、省级科技奖励，过半数获奖成果来自高校和科研院所，在生物学、种植业、林业等专业组中，中山大学、华南农业大学、中国科学院植物园（研究所）、广东省农业科学院等高校和科研单位是获得科技奖励的中坚力量，也是引领广东省农业科技前进的中流砥柱。

2. 农业科研平台不断拓展

——"岭南现代农业科学与技术"广东省实验室：为加强广东现代农业自主创新能力，2019年广东省开始建设"岭南现代农业科学与技术"广东省实验室，共投入省市财政资金约69亿元。实验室采用"核心＋网络"的模式组建，由广州市承建核心实验室，在深圳、云浮、茂名、肇庆市设立实验室分中心，形成"一主四辅"五大研究中心，聚焦现代生物种业、智能农机装备与精准农业、动植物重大生物灾害防控、生态循环农业、农业新型材料、农产品加工与食品安全等领域，围绕粮食、水果、蔬菜、畜禽、花卉、茶叶等特色农业产业，开展现代农业基础理论研究、突破核心关键技术、开发高新技术产品、打造岭南优势特色农业产业。

——广州国家现代农业产业科技创新中心：2018年8

月经农业部批准广东省正式建立"广州国家现代农业产业科技创新中心"，旨在推动广东省形成以种业科技创新为核心，兼顾智慧农业、绿色农业创新为主的科技创新中心。广东省将其作为重点工作切实抓紧抓实，围绕生物种业、功能农业、智能装备等核心产业集群，着力打造世界一流的集科研攻关、成果转化、产业孵化、人才集聚和培养等功能为一体的创新创业公共服务平台。目前，已建立省级现代农业产业科技创新及转化平台127个。

——农业科技园区：在科技部的统一部署下，广东省已建成8个国家级农业科技园区和9家省级农业科技园区。目前，省级以上农业科技园区核心区入驻农业科技企业373家，其中涉农高新技术企业35家、上市企业11家，吸纳就业40万人，开展培训技术人员、职业农民等共61 344人次，带动农民100万人。科技要素已成为园区发展的内核动力，各园区通过与省、市科研院所及高等院校深度合作，农业科技体系逐步健全，引领广东省传统农业向现代农业迈进。

3. 培育种业创新团队和平台载体

全省已建设完善种质资源库24个，其中国家级与省部级种质资源圃8个，广州建有野生稻、甘薯、香蕉等国家资源圃，湛江建有全国最大的菠萝、芒果、剑麻等种质资源圃。以现代种业创新提升工程为抓手，积极推进荔枝、香蕉、柑橘、菠萝、蔬菜、花卉、茶树和优质稻等8

种作物育繁推一体化种业创新发展联盟建设，初步建立了具有华南特色优势的农作物种质资源保护、开发与利用体系。2013 年以来，育成通过省审定农作物新品种 671 个，新育成优质绿色高效作物新品种 150 个，新增种苗繁育能力超过 1 亿株，示范推广优良新品种面积 250 多万亩；农作物种质资源库（圃）资源保存量增加到 7.3 万份，约占全国的 15%。累计建设国家和省级畜禽遗传资源保种场保护区 21 个、国家生猪核心育种场 12 个、国家肉鸡核心育种场和良种扩繁推广基地 14 个，育成具有自主知识产权的畜禽新品种（配套系）31 个，数量均位居全国第一。近几年广东省培育了一大批国内乃至国际先进的种业创新团队，构建了南亚热带作物种业创新中心、深圳现代生物育种等重大种业创新平台，建成居世界前列的中国国家基因库，基因测序能力居全球第一。优质稻、超级稻、鲜食玉米、花卉、特色蔬菜、特色水果等作物育种处于国内先进水平，生物育种、航天育种和植物克隆繁殖处于国内领先地位。

三、涉农企业科研

近年来，企业也逐步成为全省科技创新的主体。伴随着国家对创新的日渐重视，越来越多的涉农企业提高了对研发的重视程度。2006—2016 年，开展创新活动的涉农企业比例攀升至 10.26%，年均内部研发支出 632 亿元，年均新产品数量及销售额分别为 6 053 亿元以及 1 869 亿元，研发活动极大地促进了涉农企业发展，也在一定程度上有助于实现现代农业转型。尽管如此，相较于其他行业企业，研发经费短缺、研发体量小以及创新开放程度不够依旧是涉农企业发展面临的主要制约因素，研发本身的长期性、风险性以及外部性决定了涉农企业单纯依靠独立研发难以实现进一步发展。涉农企业开展协同创新可以在发挥涉农企业市场导向以及资金优势的基础上，基于高校与科研院所的人才和技术优势，一方面实现优势资源互补，另一方面高市场导向有助于企业、高校及科研院所联合研发出经济效益更高的科技成果，从而实现转移转化及产业化应用。

目前全省经过认定的涉农高新技术企业共 456 家；已组建广东农业科技创新中心的企业达 38 家，其中，广东农科集团有限公司、广东温氏食品集团股份有限公司、燕塘乳业、广东恒兴集团有限公司、广州从玉菜业发展有限公司、湛江国联水产开发有限公司、东进农牧（惠东）有限公司、湛江粤海饲料有限公司等，已成为蔬菜、畜禽、水产、奶业等广东农业主导产业的科技龙头。广东省部分农业龙头企业通过产学研合作的方式获得了高校或科研院所农业生产最前沿的科技信息、科技成果，将传统的种养业变成高科技产业，实现了种养殖生产的工业化和标准化，克服了企业自身的人才或资源方面的劣势，走出了自主创新的新路，提升了企业的产品竞争力和自主创新能力。广东温氏食品集团股份有限公司通过产学研合作的方式获得了华南农业大学农业生产最前沿的科技信息、科技成果，将采用传统养殖方式的养殖业变成了高科技产业，从根本上解决了企业原始创新的问题，实现了温氏企业由传统养殖向科学规模化养殖的快速飞跃。

农业企业的创新参与，丰富了农业产业化科技发展的内涵，提升了科技成果转化率。广东海大集团股份有限公司、广东溢多利生物科技股份有限公司等参与的项目在国家奖中取得了丰硕的成果，广东温氏食品集团股份有限公司、广东大华农动物保健品股份有限公司等在省级一等奖中也立下了汗马功劳，在食品、畜牧业、水产等专业组成果获奖中，企业也发挥了十分重要的作用。但企业在牵头和独立取得重大奖励中力量不足，因此，要培育和提高广东农业企业的技术力量，让企业与高等院校、科研机构通过产学研合作实现资源共享、优势互补，分担创新成本和创新风险，缩短创新时间，加强基础研究与科技成果转化，提升企业技术创新能力和高等院校、研究机构的科技创新能力与办学水平。

第二节　农业农村科技推广体系

一、农业技术推广架构

农业技术推广是农业科技成果转化为现实生产力的桥

梁和纽带，是推动农业经济发展的重要支柱。广东农业科技推广应用处于全国领先水平，基层农业技术推广体系相对完善。全省共建设有农技推广体系机构 2 737 个，从行业分布看畜牧业占 953 个、种植业占 766 个、综合占 567 个、农机化占 451 个，从行政区域分析看乡镇推广机构占 2 205 个、县级占 306 个、区域占 128 个、地市级占 76 个、省级占 22 个，县级以下的基层农技推广体系机构占比超过了 91%。成立了各种类型的农民专业技术协会 2 528 个，共有会员 89 459 人。目前农业技术推广架构包括政府农业推广、科研机构农业推广、高校农业推广、涉农企业农业推广（图 2-6）。

1. 政府农业推广

主要是由农业农村部、林业与草原局自上而下形成的中央、省、市、县、乡五级农村科技服务与管理体系作为主体，其主要的作用包括制定全方位的农村科技服务与管理政策、确定发展方向，同时，也利用自己的行政优势对省、市、县、乡的农村科技推广工作进行资源配置、项目监管、技术服务和业务指导。目前这种模式在我国仍占主要地位。

2. 科研机构农业推广

以科研机构为主体，包括中央、省、市的农业科学院（所）和各级各类研究院（所），面向农村开展公益性为主的科技研发和科研成果推广。在这种模式下，科研机构既实现了科技产业化的基本经济利润，又实现了成果转化、服务"三农"、致富农民的社会职能。

3. 高校农业推广

将农业科技教学、研发、推广融为一身，高等学校承担着为农村科技服务与管理培养高素质人才、研究开发新技术和新成果、实施技术推广并促进农民增收、农业增效、农村发展的社会责任，它是农村科技服务与管理体系的成果源、人才源、信息源。近年来，许多高等农业院校进行了这种模式的成功探索。

4. 涉农企业农业推广

以企业内部农业推广机构为主，采用企业制形式从事农村科技成果或产品推广服务活动，其最终目的是获取企业利润。在这种模式下，企业服务的对象是其产品消费者或原料提供者，侧重于特定农场或农民。这种模式的优点是企业能够面向市场，集技术开发、推广应用、产品生产及加工销售为一体，在一定程度上既实现企业利益又提高了农户收益。

以广东省农业科学院为例，认真贯彻落实习近平总书记"农业的出路在现代化，农业现代化的关键在科技进步""要给农业插上科技的翅膀，加快构建适应高产、优质、高效、生态、安全农业发展要求的技术体系"等指示精神，认真贯彻落实省委省政府"三农"工作部署，在大力开展科技创新的基础上，统筹资源，凝心聚气，全力做

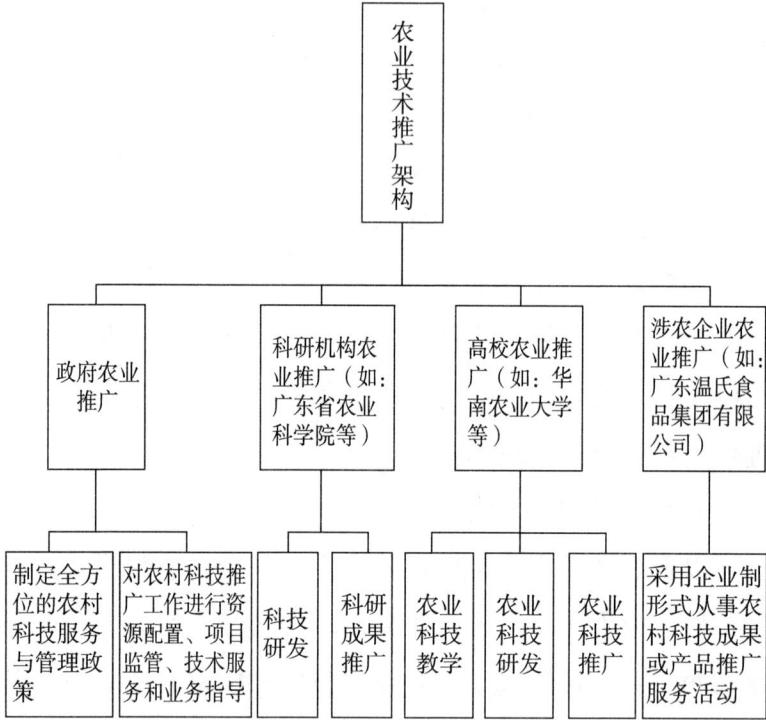

图 2-6　农业技术推广架构

好服务"三农"工作。2015 年 12 月以来，省农科院围绕区域农业发展全面提质增效、科技支撑乡村振兴，创新探索出"共建平台、下沉人才、协同创新、全链服务"的院地合作模式，与地方政府共建分院和促进中心，打造区域研发中心和人才高地。先后在珠三角都市农业圈、东西两翼和粤北山区与佛山、河源、梅州、韶关、湛江、茂名、清远、江门、惠州、东源等地方政府共建了 15 个省农科院地方分院（促进中心）、5 个特色研究所、30 个专家工作站、40 个县市农科所联系点，派出 225 名科技人员带项目、带资金、带技术扎根基层。近三年来，通过院地合作开展人才互访交流 276 次、院地企对接 837 场，推介各类成果 3 467 个次，与地方联合实施科研攻关及技术推广项目 175 个，承担地方政府委托的科技攻关项目 139 项，提交工作研究报告 146 个并有 58 个被采用，切实解决了地方农业科技供给不足、科技成果转化推广渠道不畅等问题。

二、科技中介服务体系

科技中介服务体系是科技中介服务主体及其所依存的服务环境的总和，是区域自主创新体系的重要组成部分，是连接技术供给与需求的重要桥梁，是连接企业、高等院校、科研院所的重要纽带，是促进创新成果转化的重要媒介，在有效降低创新成本、化解创新风险、加快创新成果转化、提高创新整体绩效等方面发挥着不可替代的关键作用。国内外技术创新推动社会与经济迅速发展的经验表明，一个国家和地区的科技中介服务体系越发达，其科技实力与经济实力也会越强大。在新的历史时期，加快科技中介服务体系建设意义重大，不仅是广东省提高区域自主创新能力，促进科技、经济和社会协调发展的重要环节，而且是加速科技成果向现实生产力转化的关键措施，对于广东省加速培育发展战略性新兴产业，推进产业结构优化升级和经济发展方式转变，具有十分重要的战略意义。

近年来，广东科技中介服务业实现了快速发展，在人员数量、组织结构、服务内容、中介手段和经营规模上均取得了较大提升，初步形成了多形式、多层次、多种所有制并存的科技中介服务体系；无论是发展规模还是发展质量都在全国处于较领先的地位，为全省的科技创新和科技成果产业化做出了重要贡献。广东省目前主要的科技中介机构种类包括：科技创业服务类、科技咨询服务类、技术创新服务类、农村科技咨询类、技术交易类等；业务活动范围较为广泛，基本上包括了科技活动的各个方面和层次，其中开展较多的业务有：各种专业技术咨询、项目可行性论证、市场调研、行业共性技术研究开发、科技查新、农业技术示范与推广、技术成果转让、技术合作、科技培训等。

1. 科技中介服务机构发展呈现多元化

近年来，随着全省科技中介服务业发展环境越来越宽松，广东科技中介服务业发展规模不断壮大，逐渐呈现出多元化的特征。科技中介服务机构的服务范围涵盖了知识产权服务、技术推广服务、科技培训服务、科普和科技传媒、科技信息咨询服务、生产力促进服务、科技创业孵化服务、技术交易服务、科技投融资服务、科技评估服务等多个领域。

2. 科技中介服务机构服务能力大幅提升

近年来，广东科技中介服务机构不断加大科技中介服务研发技术攻关，创新科技中介服务模式和新产品，针对广东重点产业、重点领域开展了有针对性的科技中介服务业务，涌现出一批业务特色明显、社会效益高、辐射能力强的骨干科技中介服务机构，为"加快转型升级、建设幸福广东"提供了坚实的科技服务支撑。

3. 科技中介服务业区域分布加快集中

广东科技中介服务业区域分布不均衡，珠三角地区科技中介服务机构在数量上远远超过东西北地区，已经初步形成广州和深圳两大集聚地。这两大集聚地不仅是广东省的经济重地，也是科研、技术开发服务的主战场，其科技中介服务机构的发展在全省具有重要的影响力。

三、科技成果转化

广东省农业科技研发实力雄厚，科研成果众多。近年来，在生物遗传资源创新与利用技术、农业生态环境安全与资源物质循环利用、动植物重大病虫害防控技术、农业微生物技术、农业生物技术等前沿领域取得了一批在国际上有一定影响、在国内处于绝对领先地位的科研成果。2019 年高标准农田已建成面积超过 2 438.06 万亩，粮食产量 1 241 万吨，亩产 382.8 千克，同比增加 4%。蔬菜、花生、甘蔗、水果、花卉、生猪、家禽、蚕茧、水产品等产量位居全国前列，保持较高发展水平，为保障主要农产品基本供给奠定了坚实基础。化肥农药使用量分别减少

1％、3.4％，实现负增长；畜禽养殖废弃物资源化利用率达到 78.3％，规模养殖场处理设施装备配套率 92.1％。大中型的农机社会化服务组织 2 000 多个。

1. 大力实施科技成果转化项目，促进成果转化与产业化

为了进一步与国家财政资金实现联动，2012 年广东省科技厅设立农业科技成果转化专项资金，2012—2015年期间，一共资助了 113 项农业科技成果转化项目，金额达 6 060 万元，累计获得经济效益 30 亿元，申请通过 123项国家专利，培育出 54 个动植物新品种。同时，吸引了众多社会金融资本的投入，有效促进了相关农业龙头企业对关键技术成果的应用与转化。此外，广东省还设立了142 项农业产业化关键技术应用与推广示范项目，省农业厅也设立广东省农业科技成果转化与推广应用、广东省农业技术需求与示范等项目，通过项目实施，一大批农业产业关键技术在粤东西北地区应用示范，带动和引导了大量社会资金向农业投入，壮大了一批农业龙头企业，加速了广东省农业结构调整和科技成果产业化进程。

科技成果转化推动各地发展多种形式的农业适度规模经营，全省土地适度规模经营比重超过 40％。"十三五"期间，新增 24 个国家级"一村一品"示范村镇，认定100 个省级专业镇、扶持 1 000 个专业村发展农业特色产业。截至 2019 年底，广东省创建国家级特色农产品优势

8 个、省级特色农产品优势区 46 个，培育国家级区域公用品牌 316 个，认定建设"三品一标"农产品 3 707 个，占全国的 10％左右。其中，有机、绿色、地理标志农产品获证数 780 个，认定名牌农产品 1 400 个，基本形成了以"区域公用品牌""经营专用品牌"为类别，按"十大名牌系列""广东名牌""广东名特优新"农产品三级品牌划分的广东现代农业"两类三级"品牌发展新模式。

2. 创建农业园区和专业镇，构建成果转化平台和载体

广东省是全国现代农业产业园创建数量最多的省份。近年来，广东省持续以丝苗米、优质蔬菜、岭南水果、花卉、南药、茶叶、优质旱粮、蚕桑、食用菌、生猪、家禽、水产、油茶、天然橡胶、剑麻等特色农业产业为主导，以现代农业产业园建设为载体，以实现产值突破千亿元为阶段目标，"百园强县、千亿兴农"为总体目标，引领带动全省现代农业加速提质增效，为广东率先实现农业现代化提供了良好的基础保障。目前，广东省已创建 14 个国家级、161 个省级、55 个市级现代农业产业园，主要农业县实现了省级现代农业产业园全覆盖，形成了国家级、省级、市级现代农业产业园梯次发展格局。

全省建设省级农产品加工示范园区 3 个，全省规模以上农产品加工业主营业务收入 13 288 亿元。全省建成雷州东西洋、汕尾海丰、云浮罗定等 3 个现代粮食产业示范区。扶持建设了园艺产业、畜牧业、渔业等一大批现代农业示范基地、重要农产品和特色产业基地，包括创建园艺作物标准园 250 个、渔业标准化健康养殖基地 16 个、省级标准化无公害水产品产地 609 个。

农业专业镇是具有广东特色的产业集群表现形式，通过产学研合作、建立公共创新服务中心等措施，推动科技资源聚集，促进农业技术创新和传统产业升级。2018 年末全省农业专业镇数量共计 148 个，粤北和粤西地区是主要集聚区，已在花卉、水果、茶叶、蔬菜、南药、水产等领域形成较大规模产值优势产业，成为广东省"一核一带一区"区域发展新格局的关键抓手。梅州、云浮、河源三市农业专业镇经济贡献度均超过 34.0%；全省农业专业镇特色产业总产值达 568.3 亿元，较上年度增加 66.7 亿元，增长 13.3%。农业专业镇以产业化为目标，大力发展新型农业经营体系，带动农业专业镇向城乡统筹、城乡一体、产城互动、节约集约、生态宜居的新型城镇化迈进。

3. 建立农业创新创业公共服务平台，促进成果孵化

"星创天地"发展迅速。截至 2018 年底，全省通过科技部备案的"星创天地"（面向农村的创新创业孵化器）已达 63 家，通过省级备案的"星创天地"达到 105 家，形成了以企业为建设主体、产学研紧密结合、建设模式多样的发展态势，有效地促进了当地农业产业链的整合和价

值链提升。

农业科技孵化器异军突起。广东金颖农业科技孵化有限公司是广东省农业科学院科技成果转化服务平台，针对当前农业科技企业及创新创业团队对科技成果的迫切需求，依托广东省农业科学院科技人才优势，整合相关资源，打造了集"科技企业孵化、关键技术研发、科技人才创业、成果技术转化"四大功能于一体的农业科技成果转化孵化服务平台，积极构建"创业苗圃-孵化器-加速器"全链条孵化育成体系。截至 2020 年 7 月，已入驻农业科技企业 135 家，其中包括 5 家国家级重点农业龙头企业、12 省重点农业龙头企业、18 家高新技术企业及 100 家初创农业科技企业。成功孵化 14 家毕业企业，培育 3 家高新技术，累计为入驻企业融资 2.5 亿元。广东省农业科技成果转化公共服务平台成为 2018 年广东农业主推技术之一。平台致力于为农业科技成果转化提供公共的对接桥梁、权威的信息窗口、专业的中介服务，从而降低成果转化的门槛，提高转化效率。平台融合了移动互联、大数据分析、多媒体展示等技术，深入探索"互联网＋农业科技"的新模式，深化互联网技术应用，研究和制定了农业科技成果水平的评价与价值评估方法，开展了农业科研项目库顶层设计和农业科技大数据研究，实现了农业科技成果、科研力量、科技资源的科学管理，科研成果技术水平与市场价值的公正评价，基于多终端的科技成果宣传推广与转化对接，科技创新热点与需求的深度挖掘，科研机构与涉农企业的在线互动交流等功能，加速了农业科技成果转化，充分发挥了农业科技创新驱动作用。平台涉农企事业单位用户数达 612 个，科技人员用户共 1 138 个，其中包含科研机构 112 家，高等院校 9 所（二级院/系 106 个），涉农企业 340 家，共入库农业科技成果、需求、项目 3 249 项，其中农业科技成果1 868 项、农业科技需求 679 项、在研农业科技项目 527 项，知识产权 175 项，并实现了农业科技成果需求热点挖掘与可视化分析，为政府决策、科研工作开展、农业科技成果转化提供了科学有效的数据支撑。

第三节　农业农村科技创新人才培养

实施乡村振兴战略，已经成为解决"三农"问题、发展现代农业和建设新农村的重要举措。中共十七届三中全会《关于推进农村改革发展若干重大问题的决定》指出，农业发展的根本出路在科技进步，要顺应世界科技发展潮流，着眼于建设现代农业，大力推进农业科技自主创新，加强原始创新、集成创新和引进消化吸收再创新，不断促进农业技术集成化、劳动过程机械化、生产经营信息化；深化科技体制改革，加快农业科技创新体系和现代农业产业技术体系建设，加强农业科技创新团队建设，培育农业科技高层次人才特别是领军人才；稳定和壮大农业科技人才队伍，加强农业技术推广普及，开展农民技术培训，支持高等学校、科研院所同农民专业合作社、龙头企业、农户开展多种形式技术合作。

一、农业科研人才

农业科研人才队伍建设，决定着人力资源能力建设，决定着持续发展能力建设，进而决定着农业科研力量的持续和谐发展。首先，建设创新型人才队伍是促进农业科研发展的必然要求。目前，经济全球化趋势的不断加深，科学技术进步日新月异，以经济为基础、科技为先导的综合国力的竞争越演越烈，人才资源已经成为最重要、最宝贵的战略资源，拥有了人才优势就意味着拥有了竞争优势。科学技术的竞争，关键是知识和人才的竞争。新的农业科技革命，要求有一大批用现代科学技术武装起来的农业科学家和农业技术人员，尤其是在重大基础理论、关键"瓶颈"技术领域独具慧眼，开创未来的创新型人才。其次，建设农业科研人才队伍是提升农业科技综合竞争力的客观要求。当前，国际竞争的实质就是新知识和先进科学技术的竞争。在知识和科学技术创新方面占据优势的农业科研院所，能够在未来的竞争中掌握主动。知识和科学技术的竞争归根到底是人才的竞争，尤其是农业科研人才的竞争。我国是农业大国，只有农业科技进步，才能够推动社会整体进步。再次，建设农业科研人才队伍是提升农业自主创新能力的需要。加快转变农业经济发展方式，赢得发展先机和主动权，最根本的是要靠科技的力量，最关键的是要大幅提高自主创新能力。

目前，全省拥有副高级职称以上农业科技人员 2 522人；其中涉农院校中有两院院士 13 人，国务院政府特殊津贴获得者 48 人，长江学者、国家杰青 32 人，国家"万人计划"科技创新领军人才 7 人，教育部新世纪优秀人才22 人，"南粤百杰培养工程" 8 人。在农业农村部国家 50个现代农业产业技术体系中广东省有 3 名首席科学家、84名岗位科学家、46 名综合试验站站长，参与 28 个产业技术体系建设且总占比高达 56%，参与专家与产业数量继续位居全国前列。依托省级专项建立 51 个现代农业产业技术体系创新团队，链接组建成立"广东农业科技创新联盟"，遴选聘任首席专家 51 人，岗位（专题）专家 442人，示范基地负责人 146 人，辐射带动核心团队成员3 000 余人。自 2016 年以来，通过实施"扬帆计划"引进创新创业团队项目累计资助农业与海洋领域 9 个团队，约占入选团队总数的 1/5，合计资助省财政资金 3 100 万元。其中，河源市、茂名市、阳江市、云浮市各 1 个团队入选，资助金额均为 300 万元；清远市 2 个团队入选，共资助 800 万元；潮州市 3 个团队入选，共资助 1 100 万元。

二、农业技术推广人才

1. 农技推广体系网络基本形成

农业科技转化，人才是关键。为加强全省基层农技推广人才队伍建设，培养下得去、留得住、用得上的农业技术推广人才，着力推动乡村人才振兴，为实施乡村振兴战略提供有力的人才支撑，近年来，广东省紧紧围绕加快农业转型升级、建设现代农业强省目标，主动适应经济发展新常态，采取系列创新举措，扎实推进农业科技创新体系、基层农技推广体系和农民教育培训体系建设，有效提升了农民科学文化素养，成为全省农业农村经济社会发展的亮点。

广东省按照国务院关于深化改革加强基层农技推广体系建设的意见精神，协调省直各有关部门，牵头制定印发《关于推进基层农技推广体系改革与建设的指导意见》《关于基层农业技术推广体系定岗定员的指导意见》等系列配套改革政策文件，为全省扎实推进基层农业技术推广体系改革与建设工作提供重要保障。依托基层农技推广体系改革与建设补助项目，推进农业技术推广人员的培养，目前全省已普遍建成组织体系完整、职责任务分明、运作方式高效、绩效评价合理的工作运行机制，建成了一个政府主导型的上下贯通、专业种类齐全的农技推广体系网络。全省农技推广人员 17 206 人，按行业领域分畜牧业 5 145

人、种植业 5 092 人、综合类 5 378 人、农机化 1 591 人；按机构层级划分省级 147 人、地市级 1 119 人、县级 3 764 人、乡镇农技站 12 176 人，基层推广人员数量比超过 92％。探索"科研试验基地＋区域示范基地＋基层农技推广站＋农户"的链条式农技推广新模式。以"12316三农综合服务平台""农博士"等为载体，扎实推进基层农技推广服务云平台建设，提高农业科技服务信息化水平。目前，12316 三农信息服务平台专家库共有 1 400 多名专家，为推进农业科技推广服务信息化建设提供了有力的人力保障。

2. 农村科技特派员、农村乡土专家等成为科技推广服务重要力量

广东省自 2008 年开始实施农村科技特派员制度，经过多年的工作推进，广东省科技特派员深入农村基层、农业一线，围绕当地产业和科技需求开展服务和创业，有力推动了农业科技成果转化和应用，为农业产业兴旺、农村经济发展和农民脱贫致富做出了重要贡献。截至 2018 年 8 月共有 1.3 万名入库农村科技特派员，农村科技特派员团队 209 个，法人农村科技特派员 254 个，农村科技特派员工作站 1 121 个，覆盖了广东省 1 300 多个乡村产业。2018 年以来推广农业科技成果、新品种、新技术、新工艺 2 190 个，推广先进农业和农村适用技术 4 615 项；培训农村基层技术人员和农民约 63 万人次，安置劳动力就业 19.3 万人，带动 9.4 万户农户增收，辐射带动 824 万人受益。农村科技特派员赴全省各地开展的科技成果展示、技术推介、科技咨询等系列活动，使一大批农业新品种、农村先进适用技术成果得到广泛的推广应用。此外，科技特派员活动为科技人员创造了与产业、与市场结合的条件，科技人员对农业产业的认识进一步深化，连接了科技创新与市场需求。

广东省农业农村厅创建农技推广服务驿站，构建基层新型农业技术推广服务体系，整合"专家工作站""牛哥驿站""农科小院""院地合作基地"等农技推广服务平台，有效促进了当地农民科技素质的提升，带动了当地农民增收致富，推动了乡村产业经济快速发展。

三、农村实用人才

依托新型职业农民培育工程，推进农村科技种养人才、新型农业创业人才的培养，以"新型农民科技培训工程"、农村劳动力培训"阳光工程"、职业农民培训试点县等各类农民培训项目为载体，围绕优势特色产业发展，结合国家农机购置补贴、农村面源污染普查、耕地地力提升、村级动物防疫等项目开展培训，通过集中办学授课、专家多媒体教学、现场演示与观摩、实地实训与专题考察等多形式相结合的培训方式，培养了一大批有文化、懂技术、会经营的新型农民。新型农民科技培训工程围绕"主导产业，培训专业农民、进村办班指导，发展一村一品"的思路，先后在 35 个县（市、区）的 1 440 个村累计培训专业农民 6 万人，扶建"农民科技书屋"150 个，发展主导产业 40 多个。农村劳动力培训"阳光工程"覆盖全省 116 个县，新型职业农民培育累计超过 74 万人，认定新型职业农民 4.5 万多人，培育现代青年农场主 1 000 多名，有力推动了农业产业和服务业的发展，促进了农村劳动力就地就近就业，在提升农民从业技能的同时拓宽了增收渠道。为进一步加快实施新型职业农民培育工程，广东正着力支持建立 100 个"新型职业农民培育示范基地"，每年培育新型职业农民 5 万人，并实施 1 000 名现代青年农场主培育计划和农民工、大学生返乡创业致富"领头雁"培养计划。

同时，推荐全国"互联网＋农技推广"服务之星、实施"广东十佳最美农技员""广东农技推广能手""广东省农业技术推广奖"等农技推广评选活动，利用报纸、网络、微信等新兴媒体广泛宣传农技推广工作典型事迹，树立基层农技员标兵，提高农技推广队伍素质与能力，强化农技推广人才队伍服务农业生产积极性。

第三章 农业农村科技体制改革
与机制创新

第一节 1978—1984 年

1978 年，党中央相继召开了全国科学大会和十一届三中全会，农业科研人员迎来了科学的春天。1978 年 1 月，广东省科学技术委员会恢复建制后，积极贯彻全国科学大会精神，对广东省农业科技人员进行普查，普查结果至 1978 年 6 月止，全省共有农林类科技人员 17 958 人。1978—1984 年，广东农业科研机构按照中央和省里的部署，紧紧围绕拨乱反正，落实党的知识分子政策。先后为数百名科技人员平反了冤假错案，吸收了大批知识分子入党，为大部分农业科技人员评定了技术职称，为一部分科技人员解决了夫妻两地分居问题，农业科技人员的工作和生活条件也有了很大改善。1980年8月，广东省人民政府批转了省科委的《关于调整和整顿我省科研机构的意见》，该意见针对当时广东科研机构存在的机构设置和布局不合理等主要问题，提出了调整和整顿科研机构的若干条要求，为广东科技事业扎实前进打下了基础。1981年12月，中共广东省委、广东省人民政府转发了省科委党组的《关于改进我省科技工作的报告》，该报告总结了广东科技工作的近况，指出了广东科技工作存在的主要问题，提出了加强广东科技工作的十条意见；强调要提高认识，真正把科学技术提到经济发展战略重点的地位上来。

在这一时期，农业科研部门根据广东农村商品经济发展的需要，研究取得了一批重要成果，其中育成的著名水稻良种桂朝2号、双桂1号、水果红江橙，引进推广的杂交水稻，研究推广的水稻氮素调控技术、甘蔗地膜覆盖等，均在生产中发挥了重要作用。

第二节　1985—1992年

1985年3月，中共中央出台了《关于科学技术体制改革的决定》，广东省农业科技机构进行了系列科技体制改革。1987年2月，中共广东省委、省人民政府制订了《关于当前科技体制改革若干政策的暂行规定》（粤发

〔1987〕1 号文）；同时省人民政府又颁布了《关于加强我省农业科学技术工作的若干规定》（粤府〔1987〕12 号文）。

一、承包经营责任制改革

技术开发型科研单位应全面实行科技承包经营责任制。在确定承包指标时，必须明确科研单位的方向和任务，体现科研单位的特点和分类指导的原则，有利于提高科研单位的科技水平、经济活力、社会效益、开发能力和科研后劲。承包合同期限不少于三年，农业科研单位可延至五年。已实行所长任期目标责任制的科研单位，可在原确定的任期目标基础上转为科技承包经营责任制，按"四保二挂"的原则核定挂钩浮动考核指标，与主管部门签订承包合同。科研单位可以实行多种形式的科技承包经营责任制，可以推行全员风险抵押承包。承包者可以是现任所长，也可以在本单位、本系统乃至向社会公开招标承包。进一步推动科研单位的所有权与经营权分离，强化科研单位的风险机制和自我约束机制，提高工作效率和技术经济效益。个别科研单位可试行股份制经营，探索以国有股为主体的多种所有制共存的新型体制。实行科技承包制以及科学事业费全部或部分自立的科研单位，其全民所有制事业单位性质不变，仍享受国家给科研单位的所有待遇和优惠政策，国家规定的调资和政策性补贴，财政部门应视同其他事业单位一样同等对待。

二、科研单位内部配套改革

深化科研单位内部配套改革，转变科技运行机制，实行优先生产要素组合，其要求是：①各级实行聘任制，人员双向选择，自由组合。一时未受聘人员，实行不在岗管理，可给予待聘期。逾期未聘，应促进向外单位流动，或由所内作统一安排。②实行分级目标承包责任制。应将总体承包指标逐级进行分包，按权责利统一的原则，落实到研究室、课题组以及有关科室、部门，并建立严格的考核、奖罚制度。③改革分配制度、奖励制度和晋升制度，把职工个人所得报酬、专业技术职务晋升与工作实绩结合起来。④所内机构设置和人员配置要根据市场的需求和科研发展的要求，合理配备研究、开发、经营力量。按照高效、优质、满负荷的要求实行定编、定员、定指标，提高工作效率，充分挖掘各方面的潜力。⑤提高科研工作的质量和科研项目的水平，提高承担攻关课题、纵向课题、技术储备性项目的研究人员的待遇水平。

三、科技拨款制度改革

继续完善和深化科技拨款制度的改革。技术开发型的科研单位以 1985 年科学事业费"包干部分"为基数逐年削减科学事业费，一般要求在 1990 年前基本削减完。鼓励科研单位面向社会，特别是农村、山区、乡镇、区街，承包、租赁、领办、创办、兼并、购买各类所有制的企业、科技机构和经营机构，可互相参股，联合经营。鼓励和支持科研单位发展成新型的科研生产经营实体，组建科研先导型的企业、企业集团，要积极发展一批以市场为导向，以高、新技术产品为龙头的科工贸、产供销一体化的新技术企业和企业集团。鼓励和支持科研单位、高等院校和企业创造条件进入新技术产业区，努力研制和生产高、新技术产品，组织出口创汇，进行引进技术的消化、吸收、创新，发展创汇型产业。

四、其他体制改革内容

与此同时，广东也出台了一系列相关规定，如 1986 年 7 月，为了充分调动广大科技人员的积极性、创造性，推动科技进步，广东省人民政府颁布了《广东省科学技术进步奖励实施办法》，对科研有功人员实施奖励。1986 年 7 月 30 日，广东省人大常委会通过了《广东省技术市场管理规定》，这是全国第一个技术市场管理法规。该规定明确了技术可作为市场要素进入市场，促进了科技成果商品化。1987 年 2 月，中共广东省委、广东省人民政府颁发了《关于当前科技体制改革若干政策的暂行规定》，该文件主要解决放活科研机构和科技人员问题，并给予了相关的扶持优惠政策。同年 12 月，广东省人民政府颁发了《广东省放宽科技人员政策实施办法》，第一次从政策上打破科技人员单位所有和部门所有，放活了科技人员，有力地促进了科技人员向技术薄弱的中小企业、乡镇企业和老、少、山、边、穷地区转移，为当年活跃在珠江三角洲的"星期六工程师"提供了有力的政策保障。1988年，广东省人民政府颁发了《关于1988年到1990年广东省高技术、新技术产品开发计划实施纲要》，拉开了广东发展高新技术产业的序幕。1989年3月，广东省人民政府颁布《广东省民办科研机构管理规定》，充分调动科技人员的积极性、规范民办科研机构的管理、促进民办科研机构的发展；同时调动社会力量创办民营科研机构，借助社会科研力量开展科技服务活动，延伸了地方科技工作。

第三节　1993—1998年

进入20世纪90年代以后，根据1992年国家科委、国家体改委发布的《关于分流人员、调整结构、进一步深化科技体制改革的若干意见》，明确提出：今后深化科技体制改革的重点是调整科技系统结构、分流人员、进一步转变运行机制，从体制上解决科研机构重复设置、人浮于事、科技与经济脱节等问题和弊端。农业科研机构按照"稳住一头，放开一片"的要求进行分流和调整。

1993年8月，经广东省人民政府同意，省科委和省体改办联合颁发了《广东省科研机构综合改革试点方案》，要求在全省范围内，有选择地在部分科研机构中进行综合改革试点，促进科研机构的科技人员合理分流，充分发挥各类科技人员的作用。具体包括以下内容。

一、改革科研机构的现行管理体制

为了有利于发展，如确有必要，科研机构可以自主选择管理体制，上级主管部门要予以支持。如个别科研机构有改变主管部门的要求，并经本单位职代会讨论通过，各相关部门应积极协助解决相关问题。科研机构可以在协商自愿的基础上实现重组，包括联合、合并、调整等，不受行政隶属关系、所有制等限制；允许中小型技术开发机构通过资产控股、租赁、拍卖或者委托经营等多种形式试行国有民营或民有民营，实行"自筹资金、自愿组合、自主经营、自负盈亏"的运行机制。重组后的机构可以实行董事会的管理制度，也可以对理事会的管理制度进行探索。董事会或理事会的职能另定。科研机构所长除由上级主管部门任免或董事会（理事会）聘任外，还可以通过民主选举产生并按民主管理的程序改选。副所级行政管理人员由所长提请上级主管部门任免或董事会（理事会）聘任，中层行政管理人员由所长任免。科研机构有权根据市场经济的规律，按照科研、技术开发和经营管理的需要设置内部机构、确定内部机构编制、配备人员；有权拒绝任何部门和单位提出的设置对口机构及规定人员编制、级别待遇的要求；可以选择企业化的管理方式，集中力量搞好研究开发、生产经营管理和横向联系工作。

二、改革科研机构的任务来源

科研机构的任务来源放开。科研机构主要应按社会主义市场经济要求确定任务，优化人员组合，加强横向联系。除保留一支必要的科技人员承担国家和省委托的任务、从事中期的研究开发项目、基础性研究和基础性技术工作及实验室大型精密仪器设备的使用、保养和维修外，按市场经济规律运行，不受上级部门原规定业务方向和任务的约束。要加强与企业的横向联系，建立各种形式的科研生产联合体；鼓励科研机构创办高新技术企业，特别是中外合作或合资的高新技术企业，努力形成规模；可以由科研机构派出科技人员兴办集体所有制或股份合作制的民营科技企业；鼓励科研机构兴办第三产业；支持以技术入股的方式直接到国外兴办各种独资、合资的企业和机构。对必须稳定保留的科技人员进行动态选择，以保持持久的科技活力。在研究开发经费、实验手段和待遇上，政府部门和科研机构都要给予稳定的支持，具体办法另行制定。

三、改革现行的人员管理制度

在事业费减拨到位或定额包干的前提下，科研机构的人员编制放开，人员自由组合，实行双向选择。科研机构可以根据需要在社会上公开招聘科技人员和工人，择优录取。涉及户口问题，按国家有关规定报同级人事部门和劳动部门并优先批准。招聘人员的工资、福利待遇等由科研机构自行负责。

科研机构领导干部实行定期任职制，一般任职四至五年。在任职期间，自己认为确不能胜任领导岗位的干部，可以请求免职；不能完成科研机构基本职能的，经过规定程序，可免职或解聘；依法依纪免职、降级、降职的所长或经审计后负有责任的人员，三年内不得重新聘为所长或所级领导。中青年科技人员和工人中有管理能力的优秀分子可以提拔到关键岗位。未被聘用的固定职工允许留职一年，并只发基本生活费；科研机构有权辞退专业技术人员、管理人员和工人，具体按省人事部门的有关规定或参照《全民所有制事业单位辞退专业技术人员和管理人员暂行规定》（人调发〔1992〕18号）执行；实行事业单位企业化管理的科研机构，可以参照《国营企业辞退违纪职工暂行规定》以及国家有关规定执行，对被辞退的固定职工，要按其工龄，每满一年发一个月的基本工资作为基本生活费，最多不能超过12个月。基本生活费的额度由各科研机构自行决定，但至少不能低于其原收入的50%。对这两部分职工科研机构要为其社会就业提供方便和主动办理手续，由社会逐步安排消化。允许科研机构建立所内待业制度。

科研机构的职工也可以自主要求辞职，但必须在一个月前提出。凡承接中长期研究开发项目和国家及省委托任务的，必须待科研机构安排好替代人员并移交全部科研资料及办妥有关事项后才能离开。

四、改革分配制度

在事业费减拨到位或定额包干的前提下，科研机构职工的收入决定于本单位的经济效益和个人贡献的大小，按科研、生产、管理、服务等不同类型有侧重地合理拉开差距，上不封顶，下不保底。科研机构在坚持个人收入总额增长幅度（除国家统一规定要增加的工资和补贴外）低于经济效益增长幅度的原则下，有权决定工资分配形式、标准和办法，其工资总额不受限制。科研机构可以实行岗位技能工资制，有岗有薪、无岗无薪、易岗易薪、兼岗兼薪、要岗要薪；也可以实行其他适合本单位的工资制度，例如，实行职级工资加浮动工资制等。在未与现行工资制度脱钩前，职工现行工资、今后职工按国家规定晋升的工资和增加的各种补贴作为档案保留，以有利于职工调动及计发保险待遇。

科研机构职工的工资（含工龄津贴）、津贴、补贴和其他工资性收入，应当纳入工资总额。对于改革中必须列支，但目前政策又未完全配套的住房、社会保险，可暂不列入工资总额，在福利基金中列支，作为福利补助。科研机构必须根据职工贡献的大小和经济效益的增减，决定职工收入的增减。改革起始年的上一年科研机构职工工资总额基数的确定和调整，应报省科委和省人事局核准。

科研机构所长贡献的大小与奖励，应根据本单位制定的综合改革试点方案确定的目标，由本单位建立的评议小组提出建议，经所长同意后上报，由其上级主管部门或董事会（理事会）进行审定，报省科委备案，由省科委公布。综合改革目标可以在任期期满后审核，也可以按年度分解审核，视审核情况决定给予所长高于职工的全年人均收入二至四倍的一次性奖励（或一年一次定额度，分月付给）；没有完成任务的，扣减所长本人基本工资的 10％～50％。给所长的一次性奖励在科研机构收入中列支。

五、改革专业技术职务的评聘办法

除某些特殊行业必须执行国家的统一评审标准或统一考试以外，其他专业技术职务的评聘全部放开，由科研机构决定，其聘任不受指标和职数的限制。评聘专业技术职务要参照国家的评审标准，以科技贡献和工作实绩为主。专业技术人员可以根据本人的学历、资历、外语水平、实际工作能力和业绩等标准申报合适的专业技术职务和任职资格，经已批准的评审委员会评审认定后，由科研机构自主聘用，给予相应的待遇。

按照国家规定已经评定和今后评定的专业技术职务，其评定的任职资格和享受的工资待遇等只作为档案存入，在更换工作岗位时仍然有效。科研机构根据需要与可能，高评的可以低聘或不聘，也可以在未经评议但有突出贡献或获省级以上科技成果奖的科技人员中聘任，不受职数的限制，但职级比例要力求科学合理。

六、改革技术价格

技术转让价格原则上由买卖双方议定，有争议时，如双方都愿意请第三者咨询，可提请知识产权咨询评议机构或技术市场管理机构评估。技术可以作价后全部或部分入股，也可以作为干股按一定比例分红。担负行业计量、检测、测试、分析、信息和咨询等任务的科研机构，除属行政职能任务的收费按国家规定标准收费外，允许强制性的任务在国家规定标准的范围内上浮50％～100％，并根据物价的变动实行动态管理；其余全部放开，由科研机构和客户根据市场情况自行议定；对于外商和外资企业的收费，可参照国际收费市场价格，由科研机构和客户议定。收费比国家规定标准上浮增收部分，全部专项列入科技发展基金，作为购置检测、计量等新设备和费用，不得计提福利基金、奖励基金和所长基金。由国家投资建设的重点实验室和科研机构的公共实验室公开使用，向社会有偿开放。

七、大力发展科技企业

大力发展科技企业、积极兴办和发展第三产业，是科研机构实行人员分流的主要途径。除致力于将本单位的成果产业化外，科研机构也要利用国内外各种技术资源兴办实业，力争上规模、上水平、上效益。可以建立各种科技咨询中心或中外合资、合作的科技咨询机构，面向省内外提供科技咨询、情报信息、技术中介、知识产权、器材租赁和技术作价咨询评估等科技服务，促进科技成果转化为现实生产力；也可以建立科技服务机构，面向中小企业、乡镇企业提供技术依托、承担企业技术诊断、提供各类信息服务和组织专业技术培训活动；以及兴办农业产前、产中、产后技术服务机构等。

八、建立职工社会保险制度

科研机构需要按照保障社会化的要求，参加各项社会保险。以财政拨款为主的科研机构，按行政事业单位实行社会保险的办法执行；已实行企业化管理的科研机构及科研机构开办的各类科技企业及其他企业，按企业职工社会保险办法执行。对缴纳社会保险费有困难的科研机构，省科委可视情况从事业费中按一定比例给予补助，具体办法另定。鼓励科研机构运用节余的工资基金、奖励基金和福利基金，为职工举办补充保险，提高科研机构工作人员的保障水平。

九、进行股份制试点及改革财务制度

管理基础较好、领导班子健全、科技开发力量较强、经济效益连续三年以上较好并相对稳定的科研机构或自办科技企业根据各自的情况，经批准可以进行股份制和股份合作制的试点。科研机构进行股份制试点，要兼顾国家、集体、个人三者利益，按照国家和省里的有关规定规范化，并按省里的规定程序申报审批。

有条件实现事业单位企业化管理的科研机构和科研机构兴办的独立科技企业，可执行《科技企业会计核算规程》。

十、其他相关政策

同时，广东出台了一系列相关政策，如 1995 年 7 月，中共广东省委、广东省人民政府颁布《关于加速科学技术进步若干问题的决定》，促进了全面落实"科学技术是第一生产力"理念和科教兴国战略，加速科技向现实生产力转化，推动经济建设和社会发展，促进广东 20 年基本实现现代化的进程。1998 年 9 月，广东省颁布《关于依靠科技进步推动产业结构优化升级的决定》，在全国引起很大反响，国家科委向全国各省、自治区、直辖市转发了此文。1994 年 1 月，省人大八届六次常委会审议通过了

《广东省民营科技企业管理条例》并颁布实施，使民营科技走上法治管理的轨道，同时有力地推进了民营科技企业的发展。这是我国第一个民营科技企业管理的地方法规。2008年7月，广东省第十一届人民代表大会常务委员会第四次会议修订了《广东省民营科技企业管理条例》，使之更顺应社会主义市场经济的发展。1995年9月19日，广东省第八届人大常委会第十七次会议审议通过了《广东省促进科技进步条例》，强调"各级人民政府必须把科学技术进步放在优先发展的地位"，要求全省各级财政科技投入的增长速度要高于财政投入的年增长速度，使科学技术进步能得以顺利进行。此外，第一次从法律上规定了职务发明者在一定时期内对其职务发明允许占有一定比例的红股。1992年11月，中共广东省委、广东省人民政府颁布《关于加快我省科技队伍建设步伐问题的决定》，要求进一步加快全省各学科、技术带头人队伍建设步伐，加强博士后科研流动站的建设，大力引进人才，加速专业人才的培养，尤其是"复合型"人才的培养，建设一支与广东经济建设和社会发展相适应的科技队伍。

第四节 1999—2012年

1999年6月，省政府出台《广东省深化科技体制改革实施方案》，对69个省直属科研机构进行重新分类和定位。其中的农、林、牧、渔和粮食研究机构有 21 个，被定为技术开发类型的有 11 个，被定为咨询服务类型的有 3 个，被定为体现广东优势和特色的公益类型的有 7 个。对公益类型研究机构，仍保留事业费；对咨询服务类型研究机构，从 1998 年起，3 年内分期减拨事业费 70%；对技术开发类型的研究机构，从 1998 年起，3 年内按一定比例减拨事业费，至 2000 年底事业费减拨至零，并由事业法人整体转制为企业法人，领取企业法人执照。这是广东在全国率先将省直属的农、林、牧、渔和粮食研究机构进行重新分类和定位。其中，省农科院被定为公益类、咨询服务类、技术开发类的研究所分别为 5 个、1 个、7 个。

一、对省属科研机构重新分类和定位

进一步明确发展方向和目标，对省属科研机构重新分类和定位。把 69 个省直属的、独立的全民所有制科研机构（以下简称科研机构），重新划分为技术开发类型、咨询服务类型、体现广东优势和特色的公益类型三种。确定广东省农业科学院畜牧研究所等 39 个科研机构为技术开发类型科研机构。涉农相关机构包括：广东省农业科学院畜牧研究所、广东省农业科学院兽医研究所、广东省农业科学院蚕业研究所、广东省农业科学院花卉研究所、广东省农业科学院土壤肥料研究所、广东省农业科学院茶叶研究所、广东省农业科学院生物技术研究所、广东省微生物研究所、广东省家禽科学研究所、广东省沼气研究所、广东省化学纤维研究所、广东省食品工业研究所、广东省农业机械研究所、广东省粮食科学研究所、广东省中药研究所等。

涉农咨询服务类型科研机构包括：广东省测试分析研究所、广东省能源技术经济研究开发中心、广东省农业科学院科技情报研究所、广东省昆虫研究所、广东省生态环境与土壤研究所、广州地理研究所等。

体现广东优势和特色的涉农公益类型科研机构包括：广东省农业科学院水稻研究所、广东省农业科学院蔬菜研究所、广东省农业科学院植物保护研究所、广东省农业科学院作物研究所、广东省农业科学院果树研究所、广东省林业科学研究院等。

二、技术开发类型科研机构逐步由事业法人转为企业法人

技术开发类型科研机构要进入经济建设和社会发展的主战场，实行科工贸、科农贸一体化，向产业化方向发展，可以先转化为科技型经济实体，实行企业化运作，进而成为研究、开发、工程设计和生产、经营一体化的研究开发型企业或联合、兼并、收购企业，发展成为企业集团，也可以分流部分科技人员从事技术咨询服务工作。这类科研机构有权根据需要决定调整内部机构和人员配置，

添置生产设备，将主要研究开发力量和其他科技力量转向研究开发新产品、新技术。

推动部分技术开发类型科研机构直接进入企业或企业集团，成为企业的技术开发机构或技术开发中心。科研机构进入企业或企业集团，要实行自愿互利原则，涉及科研机构所属财产使用权、土地使用权和财务变动的，应报同级科技行政管理部门核准，经同级财政、国有资产管理部门批准，并办理各项有关手续。

允许科研机构与国外、境外相关机构和企业进行合作研究、合作开发、合办研究开发机构或者合作生产、合作经营、创办中外合资经营或中外合作经营企业。允许部分科研机构特别是地级市及以下的科研机构整体或将所属的企业法人经济实体，通过吸收法人和个人投资入股，按照《公司法》改组为股份有限公司或有限责任公司；或通过吸收内部职工入股，改组为股份合作制企业和员工内部持股企业，具体办法另定。允许效益比较差、规模比较小的科研机构，按程序报经批准，通过租赁或委托经营等方式改组为国有民营企业，也可以出售给集体或个人。

三、放开咨询服务类型科研机构

咨询服务类型的科研机构要面向全社会组成社会化的服务网络，从事测试分析、中介、咨询、信息、技术培训、技术孵化、技术集成、委托技术开发、企业诊断等科技服务，由科研事业型向科技经营型或中介服务型转变，为社会提供有偿服务；具备条件的也可以创办科技企业，开展科技成果商品化、产业化活动，形成科技服务与产业开发并存的发展模式，增强自立能力，有条件的转为企业法人。综合服务能力较强的科研机构，可以面向全省中小型企业，提供各种技术服务，合作研究开发产品，为中小企业提供技术服务和技术依托。

省农业、水利、林业、海洋与水产等部门（以下简称农业）应按省里的综合农业区划，根据其地区代表性、现有研究开发力量和研究基础，选择若干个市级农业科研机构，加大支持力度，使其成为区域性的农业试验中心，承接国家和省重大项目相关的区域性试验、表证、示范工作，从事重大农业科技成果的引进、二次开发和技术推广，与省农业科研机构构成全省农业科技服务与技术扩散网络，为"三高"农业与可持续发展服务。区域性农业试验中心的选择，由省农业、水利、林业、海洋与水产等部门筹划提出，由所在地地级市政府同意后报省农业综合行政管理部门会同省科技行政管理部门审查、专家评议后，成熟一个批准一个。区域性农业试验中心行政上受所在地地级市政府领导，业务上受省行业主管部门指导。试验中心的人员要精干，其经费由所在地市级财政解决。

市级及市以下（市、县、区）其他政府属独立农业类型科研机构要逐步改造为市、县（市、区）级农业技术推广服务机构，实行技术、试验、示范、培训、经营相结合，有条件的科研机构可以以技术入股或技术承包等方式参与农村群众性农技推广服务组织的经营，有的可以进入农业龙头企业，建立科研、生产、加工、销售一条龙的服务体系。

四、深化科技拨款方式改革

科研机构的经常性事业费，从1998年起，根据不同类型分别按不同的比例逐年减拨。技术开发类型科研机构的经常性事业费无偿拨款方式，分3年全部取消，即在原有经常性事业费拨款的基数上，1998年减拨15%，1999年累计减拨50%，2000年底减拨到零。咨询服务类型科研机构的经常性事业费，分3年减拨70%，即在原有经常性事业费拨款的基数上，1998年减拨15%，1999年累计减拨40%，2000年累计减拨70%。目的是促其面向社会，为社会提供有偿技术服务，提高自我发展能力。保留30%的事业费，用于支持其公益性技术咨询服务的基础条件。体现广东优势和特色的公益类型科研机构的经常性事业费予以保留，有条件时要予以增加。但所拨经费要改变使用方向，重点用于科研任务。对省科学院和省农业科学院的管理机构（院部），应进行内部机构调整，精简人员，重新核定经费。

调整科研经费使用方向，提高科技经费的使用效率，加强科研经费的追踪管理。新增科学事业费主要用于支持科研机构发展高新技术产业化项目。从 1999 年起，每年在科研机构中选择一批高新技术成果项目，给予扶持，作为成果扩散转移的示范，或支持科研机构项目启动扩展后创办经济实体。减拨的科学事业费集中使用。技术开发类型和咨询服务类型的科研机构，通过申请承担重大科技项目和研究开发任务等形式获取经费；体现广东优势和特色的公益类型科研机构，重点作为其承担政府科研任务的配套资金，加强其基础设施的建设；分期分批支持和建立若干个省级科研基地或重点实验室；支持建立"科研机构内部补充保险金"。事业费的减拨和使用按原管理渠道不变。

五、建立和完善企业技术开发体系

择优扶持 50 家省重点发展的工业大企业或企业集团，办好工程技术研究开发中心。依托工程技术研究开发中心聚集一批高素质的科技人才，抢占国内同行业技术制高点，成为广东省工业技术开发的重要基地。择优扶持的工程技术研究开发中心要与现有的国家和省级工程技术研究开发中心的发展结合起来，争取在 2003 年完成。

大力发展民营科技企业，凡按《广东省民营科技企业管理条例》由省科技管理部门认定的民营科技企业，在承担政府项目、信贷、技术和产品出口、科技奖励、公务出国审批等方面与国有企业一视同仁。对促进经济社会发展作出重大贡献的科技人员，在政府津贴、省管专家、科技重奖等方面与国有企业科技人员享受同等待遇。大力支持科研机构分流一部分科技人员创办民营科技企业，大力支持发展科技服务型民营中介机构。鼓励和支持国有企业、科研机构与民营科技企业之间互相兼并、收购。各地科技行政管理部门要会同工商行政管理部门、国有资产管理部门等解决现有部分民营科技企业产权关系不清的问题。支持符合条件的民营科技企业进行股份制改造与股票上市。拥有科技成果和发明专利等新技术的科技人员，在申办以科技开发为主的高新技术企业时，其注册资金、注册地点等，各级工商行政管理部门应予以放宽。

国有或国有控股大中型企业、省批准的重点大型企业（集团）、高新技术企业（集团）要在两年内建立自己的技术开发机构。所有企业都应当积极开展技术创新活动，力争在5年内建立和完善企业技术创新机制。国有或国有控股的大中型企业要在1999年底前结合有关规定制定和实施对科技人员有关的优惠政策。

鼓励和支持企业大力吸收科研机构、高等学校的科技人员到企业工作；大力加强科技培训与教育，提高职工的科技文化素质，大幅度提高科技人员占企业职工的比重，发展壮大企业的研究开发力量。企业要根据贡献大小提高科技人员的薪酬和福利待遇。科技人员可以以科研成果、专利和专有技术等作为投资股本占有企业的股份。鼓励科研机构、高等学校的科技人员在完成本职工作、并征得单位同意的基础上，有组织地以兼职、担任技术顾问等形式参与企业的研究开发工作，获取合法收益，其工资福利由用人单位与本人协商确定，不受限制。

六、改革科技管理体制

省科技行政管理部门要按照省委、省政府的战略部署，把工作重点放在研究推动国家科技方针、政策、法规、规划在广东的贯彻实施，研究制订全省科技促进经济社会发展的宏观战略、政策、规划计划、重大布局、优先领域及重大任务。各部门、各行业制订的重大科技发展规划和计划，要征询科技行政管理部门的意见；凡重大技术引进项目和重大建设工程的科技项目，省科技行政管理部门要参与论证。

科技资源的配置要从主要靠行政手段转向以市场为基本途径。除部分基础性研究和社会公益性研究项目外，重大科技攻关和科技成果产业化等科技计划的项目立项和经费安排要坚持市场导向的原则，把产业发展的需求、成果的应用前景和市场前景作为立项资助的重要条件。项目评审专家要适当吸收企业家和企业的科技人员参加。没有企业参与研究开发和承用其成果的项目，一般不予立项。科技行政管理部门要加强对各类科技计划的集成，采取矩阵管理方式，增强各计划之间的衔接。重大科技项目要实行招标投标制，坚持"公平、公开、公正"的原则。

建立科技计划管理的知识产权保护制度。在立项时，必须有明确的知识产权产出指标的要求及其权益归属的规定，要以形成自主知识产权为研究开发的重要目标；在项目实施过程中，要加强知识产权保护，及时将研究开发成果以专利或技术秘密的形式保护起来，并大力促进专利技术开发应用；完善项目验收鉴定中的知识产权制度；在科技成果推广应用阶段，要充分体现知识产权的价值，保证知识产权能按合理的比例参与分配等。要在 3 年内对科研机构、高等学校、高新技术产业开发区、相关企业的知识产权管理负责人和管理人员进行岗位培训，普遍建立保护知识产权的管理制度。加强科技人员流动中的知识产权管理，正确处理科技人员流动中所涉及的国家、单位和个人三者的利益关系，避免知识产权侵权行为，防止国有知识产权的流失。

七、建立新的科技成果评价体制

改革科技成果评价体制，对不同类型的科技成果采用不同评价标准和方法。基础研究、应用基础研究要有所发现，其成果的评价以学术价值和应用前景为评价标准；面向生产和市场需求的应用研究，其成果应能应用，要以取得知识产权、特别是发明专利授权为主要评价方式；技术开发的成果要有效益，以市场为主要评价方式，以经济效益和社会效益、专利申请与授权为主要评价标准。没有知识产权、没有得到市场承认、没有经济效益和社会效益的成果不得进行鉴定和评奖。

进一步加强和完善科技成果鉴定管理，提高鉴定质量，消除鉴定工作中存在的弊端。改革现行的鉴定方式，减少会议鉴定形式，推行函审、检测与应用单位评价相结合的鉴定形式，提高鉴定结论的科学性。已在生产领域应用的科技成果可以视同鉴定。

改革现行科技成果登记制度，改变把科技成果鉴定作为认定科技成果唯一方式的做法，以促进多元化的科技成果评价体系的形成，扩大科技成果信息来源。除鉴定证书外，发明专利或实用新型专利证书、权威机构提交的项目评估报告、国内外有权威的学术刊物上发表的论文等均可作为申报科技成果登记和评奖的条件。科技成果的经济效益和市场竞争能力，应作为科技人员晋升职称、增加工资、参加评奖的重要依据。

八、完善分配制度和奖励政策

鼓励科技人员以科研成果、专利、专有技术等知识产权作为投资股本，兴办科技型企业，获取合法收入，成果价值占注册资本比例经省科技管理部门审核最高可达35％。从事技术开发和科技成果转化工作人员的收入要与经济效益和对经济建设的贡献挂钩。科技人员可按技术收益的一定比例参与分配。职务发明或在职获得的科技成果，发明人或科技成果获得者可以按技术收益的20％～30％的比例参与分配，也可以用红股的方式兑现。对于职务科技成果或政府计划项目成果，如单位未适时转化，允许科技成果完成人在不变更职务成果权属、与本单位签订利益分享协议的前提下，转化该项成果，享受协议规定的权益。对于政府计划项目承担单位无正当理由、未对取得的计划项目成果申请专利的，项目下达单位可以委托完成该项目的科技人员申请专利。项目承担单位可以免费实施专利，同时要对专利申请人予以补偿和奖励。要建立和完善贡献与报酬挂钩的激励机制，积极开展技术股份、创业和管理干股、个人奖励股等试点工作。科研机构的职工可拥有自办科技产业配备的资本股、技术股和管理股。

鼓励高校科技人员与校外企业联合，其以政府资助所获得的知识、专利、成果等入股或技术转移等方式促进经济建设与社会发展，所得收入除学校提取15％管理费外，由技术拥有者（个人或研究集体）与所在系和学校按1：1：1比例分成。

建立适应社会主义市场经济的科技奖励政策。对在科技成果产业化、专利实施和技术推广应用过程中作出重大贡献、取得显著经济效益或社会效益的单位和个人，可以作为评定获得省科技进步奖的重要依据。科研机构可采取奖分红股方式作为对职工的长期奖励。

九、进一步完善人事制度和职称评聘制度

鼓励科研机构开展实行院（所）长领导下的首席项目专家负责制和全成本核算的课题制试点工作。放宽科技人员入户政策。博士、硕士和国家重点大学应届毕业生，以及有中级职称、年龄在 35 岁以下和有高级职称、年龄在 40 岁以下的科技人员，凡被省内科研机构或科技型企业正式录用的，公安部门要根据用人单位的申请对其本人及配偶和子女给予办理入户手续，一律免交城市建设增容费。建立人才流动和重要岗位的公开竞争机制，使科研工作在开放、流动、竞争、协作中更具活力和创新性。要鼓励科技人员在科研机构之间或科研机构与企业之间合理流动，要大力支持科技人员向企业流动。健全和完善专业技术职务评聘制度。科技人员获得的发明专利、实用新型专利授权，可视同发表论文或科技奖励，作为职称评聘的条件和依据。建立科技开发人员和科技型企业科技人员专业技术职务评审系列和评聘指标体系。科研机构转为企业法人后可自行设置专业技术职务岗位，自主聘任，允许高职称低聘和低职称高聘。

十、其他相关政策

广东继续对农业科技体制进行改革，出台了许多政策，比如 2002 年，广东省政府颁布实施《关于深化我省公益类型科研机构改革的实施意见》（粤府办〔2002〕47号）、《广东省非营利性科研机构管理（试行）办法》（粤办函〔2002〕200号）等政策，大多数的科研机构和科技人员已经投入经济建设主战场。2004 年，省委、省政府出台了《关于加快建设科技强省的决定》（粤发〔2004〕2号）首次提出建设科技强省的战略目标，建立适应社会主义市场经济体制的区域创新体系。2006 年，广东省政府、教育部联合出台了《关于加强产学研合作提高广东自主创新能力的意见》（粤府〔2006〕88号）和《广东省促进自主创新若干政策的通知》（粤府〔2006〕123号），在国内率先开展省部产学研结合试点工作，并逐渐形成了"三部两院一省"（科技部、教育部、工信部、中国科学院、中国工程院）产学研合作模式。2008 年 9 月，《广东省建设创新型广东行动纲要》（粤府〔2008〕72号）和《广东自主创新规划纲要》（粤府〔2008〕74号）同时印发，提出建设创新型广东的目标，要求把自主创新作为广东经济社会发展的战略核心。2011 年 11 月，广东省十一届人大常委会审议通过《广东省自主创新促进条例》，全国第一部地方性自主创新法规诞生，为广东的创新发展提供了法规保障。

第五节 2013 年至今

创新驱动，进入新时代（2012 年以来）科研管理向创新服务转变。习近平总书记指出，我们以巨大的政治勇气和智慧，提出全面深化改革总目标是完善和发展中国特色社会主义制度、推进国家治理体系和治理能力现代化，着力增强改革系统性、整体性、协同性，着力抓好重大制度创新，着力提升人民群众获得感、幸福感、安全感，推出 1 600 多项改革方案，改革呈现全面发力、多点突破、蹄疾步稳、纵深推进的局面。

2014 年 6 月，《省委、省政府关于全面深化科技体制改革加快创新驱动发展的决定》（粤发〔2014〕12 号）印发，在全国率先全面深化科技体制改革，把增强自主创新能力、破除体制机制障碍"两个轮子"同步转起来。2015 年 2 月，《省政府关于加快科技创新的若干政策意见》（粤府〔2015〕1 号）出台。两个文件是该阶段的纲领性文件，具体包括以下内容。

一、完善技术创新市场导向机制

发挥市场在创新资源配置中的决定性作用。进一步理顺政府、企业、市场的关系，健全市场竞争、知识产权保护、政府采购和环境监管等政策法规体系。改革技术创新项目的形成机制和支持方式，面向企业技术需求编制项目指南，吸纳来自企业和行业协会的专家参与项目评审，遴选有条件的企业牵头组织实施产业导向类科研项目。营造鼓励企业创新的市场基础环境，充分发挥市场对技术研发方向、路线选择、要素价格和各类创新要素配置的导向作用。

强化大型企业创新骨干作用。实施大中型企业研发机构全覆盖行动，到2020年，大型骨干企业普遍建有企业研究开发院，高新技术企业普遍建有省级以上工程（技术）研究中心、工程实验室、企业技术中心、企业重点实验室等研发机构。申报承担省级产业导向类科研项目的企业，原则上应建有省级以上研发机构。引导大型企业完善创新投入制度，牵头申报市级以上产业导向类科研项目的大型企业，原则上应为近3年享受过研发费用税前扣除、高新技术企业税收减免等税收优惠政策的企业。全面落实国有企业研发投入视同利润的考核措施，各级国有资本经营预算应当安排适当比例的资金用于国有企业自主创新并逐年增加。

激发中小微企业创新活力。加快建立健全技术创新、工业设计、质量检测、知识产权、信息网络、电子商务、创业孵化、企业融资、人才培训等公共服务平台，为中小微企业提供全方位与全过程的创新服务。重点支持建设一批面向中小微企业的综合性前孵化器、大型孵化器，形成网络化的创新服务体系。积极引进外资和民间资本参与国有孵化器建设，探索发展一批混合所有制孵化器。充分发挥科技型中小企业创新基金引导作用，通过贷款贴息、研发资助等方式重点支持种子期、初创期中小微企业技术创新活动。探索实施创新券制度。支持科技型企业研究制定上市路线图，引导企业通过主板、中小板、创业板、新三板等资本市场上市融资，推动企业做大做强。

二、发挥科技创新支撑引领作用

组织实施重大科技专项突破关键核心技术。制定全省重大科技专项实施方案，抢占高新技术产业与战略性新兴产业技术制高点。深入开展主导产业专利态势分析、预警及涉外应对研究。加快制定支柱产业重要技术标准，建立完善标准信息查询服务平台、技术性贸易措施预警应对平台。

以先进技术和新兴业态改造提升传统产业。推进信息化与工业化深度融合。推动高新技术、网络信息技术、文化创意等向传统产业延伸渗透，发展以知识密集、技术密集、人才密集为特征的新兴业态产业。实施一校一镇，一院（所）一镇行动，推动专业镇产业转型升级。

推动科技服务业创新发展。放宽科技服务业对外资和民间资本准入条件，深化和港澳及国际科技服务业的合作。大力发展研发设计、文化创意、技术交易、科技金融、科技服务外包、科技咨询等科技服务业，推动科技服务业集聚区建设。加快发展电子商务产业，支持广州、深圳、汕头、东莞和揭阳等地创建国家电子商务示范城市。实施大数据发展战略，支持区域性中心城市建设云计算电子政务数据平台。

推进农业领域科技创新。坚持科技兴农，加快推进农业、林业、水利、海洋渔业、气象、防震、减灾等领域的科技创新、科技交易和科研平台建设，构建全省农业领域科技创新体系，组织实施一批重大科技项目，满足现代农业发展的科技需求。深化种业体制改革，加强种质资源收集、保存、利用及多样性保护。发挥现代农业领域各类示范园区和龙头企业的引领作用，加大农业先进适用技术推广应用和农民技术培训力度，推行技术入股等方式，调动农业科技人员的积极性，加速农业科技成果转化与产业化进程。充分利用广东省海洋资源优势，培育发展海洋新兴产业，加快建设海洋经济强省。

三、健全协同创新机制

建立多主体协同创新机制。完善广东省与科技部工作会商制度，共同推进创新型省份建设。建立部门协同、省市联动的创新协调机制，统筹整合优化全省各类创新资源。充分发挥广州、深圳市在全省实施创新驱动发展战略中的龙头带动作用。支持广州、深圳市加快创建国家自主创新示范区，佛山市顺德区建设省自主创新示范区。鼓励广州、深圳市率先建成国家创新型城市，支持有条件的珠三角城市创建国家创新型城市，启动省级创新型城市试点建设工作，在粤东西北地区培育若干个省级创新型城市。建立重大建设项目工程采购制度，通过政府采购或订购、商业合同等方式向战略性新兴产业产品倾斜。

加强协同创新平台建设。加快广州南沙、深圳前海、珠海横琴和中新（广州）知识城、东莞两岸生物技术产业合作基地等重大平台建设。实施产学研协同创新平台覆盖计划，培育一批市场化导向的高等学校协同创新中心、产业研究开发院、行业技术中心等新型研发组织。支持大型骨干企业牵头组建产业技术创新联盟和产业共性技术研发基地，加强产业共性技术研发和成果推广运用。制定新型科研机构管理办法，出台扶持新型科研机构发展的政策措施，运用市场化机制新建一批新型科研机构，在项目、人才、资金等方面给予重点扶持。

创新省部院产学研合作模式。完善广东省与教育部、科技部、工信部、中国科学院、中国工程院产学研合作工作机制，促进创新主体和创新资源深度融合。支持设立由企业、高等学校、金融机构等组成的产学研协同创新风险基金。深化与驻粤中央企业和中央企业所属科研院所的创新合作，加快引入国防科工系统创新资源。实施国际科技合作提升行动计划，重点加强与美国、欧盟、以色列等创新型国家或地区的合作，建立国际产学研创新联盟。深化粤港澳科技合作，深入推进粤港科技走廊、深港创新圈建设，设立面向我国香港的国家级科技成果孵化基地。

提升科技园区建设水平。借鉴北京中关村等国家自主创新示范区经验，推动省级以上高新区加快开展管理体制机制改革。鼓励高新区按国家和省里的相关规定申请适当扩区。支持条件成熟的省级高新区升级为国家级高新区。推动珠三角地区与粤东西北地区高新区对口帮扶，实现联动发展。推广民营科技园土地资本、金融资本和产业资本相融合的建设模式，建设科技型中小企业创新创业平台。

促进科技创新与金融、产业融合发展。支持在国家级高新区设立科技金融服务机构，推动以国家级高新区为主体的产业园区和专业镇开展科技、金融、产业融合创新发展试验。支持东莞、揭阳市和佛山市南海区建设科技金融产业融合创新综合试验区。支持设立科技银行、科技支行、科技小额贷款公司等金融机构或组织，实行专门的客户准入标准、信贷审批和风险控制。支持各地级以上市设立创业投资引导基金，建立创业者与投资者对接平台与机制。建立天使投资风险补偿制度，支持创新投资发展加快推动设立省级种子基金。探索知识产权质押融资贷款贴息扶持政策，支持金融机构扩大质押物范围。

四、加强基础与应用基础研究

完善高等学校和科研机构创新保障机制。完善政府对基础性、战略性、前沿性科学研究和共性技术研究的稳定性与竞争性相结合的支持机制。实施原始创新能力培育计划，建设一批基础研究和应用研究平台。扩大省自然科学基金规模，探索国家自然科学基金-广东联合基金"项目群"支持模式。深入实施高等学校创新能力提升计划，加强高等学校重点实验室、工程研究中心、国际合作平台、专业性研究院等创新平台建设，争取创建高等教育协同创新示范省。深化省属科研机构体制改革，加快建立和完善法人治理结构，健全现代科研院所制度。推进应用型科研机构转制改企，加快建立现代企业制度。加快推进工业、农业、社会发展和科技服务业等四大主体科研机构建设。

构建重大科技基础设施建设与共享机制。加快中国（东莞）散裂中子源、国家超级计算广州中心、国家超级计算深圳中心、江门中微子实验室、深圳国家基因库等大科学工程建设，推动国家重大基础设施落户，围绕大科学工程引进相关的应用型科研机构，建立全面支撑产业技术创新的大平台。加快制定大型科学仪器设备开放共享管理办法，逐步实现全省大型仪器设备开放共享。

加快形成高层次创新人才集聚机制。深入实施全省重大人才工程，推进实施珠江人才计划、扬帆计划等重大人才计划。启动实施培养高层次人才特殊支持计划。充分发挥广州留交会、深圳国际人才交流会等平台的桥梁纽带作用，大力引进创新创业团队和领军人才，培养一批素质高、复合型的科技创新人才队伍。依托广州大学城等载体建设大学生创新创业服务基地，支持大学生自主创新创业。建立粤港澳人才合作机制，打造粤港澳人才合作示范区，创建全国人才管理改革试验区。

五、完善技术创新服务体系

强化知识产权运用和保护。优化专利申请资助政策，重点资助发明专利的授权、专利合作条约（PCT）国际专利申请及有效发明专利的维持。加强知识产权贯标工作，引导企业建立健全知识产权管理制度。创建知识产权服务业发展示范省，完善知识产权服务业链条，促进国内外知识产权资源向广东集聚。加快推进专利信息平台和专利数据库建设。建立重大经济和科技活动知识产权审查评议制度。加大知识产权行政保护力度，探索建立知识产权法院，健全行政执法与刑事司法衔接机制，提升知识产权保护意识和水平。

大力发展技术市场。支持民营资本建设新型技术交易服务平台，发展和规范网上技术交易市场，定期发布企业技术需求目录、高等学校和科研机构科技成果转化目录。支持科技中介服务机构兼并重组、优化整合，健全技术经纪服务体系。积极创建国家技术转移集聚区，支持深圳市建设国家技术转移南方中心，培育国家技术转移示范机构，完善技术转移和交易服务体系。支持广州、深圳、佛山等市规范发展区域场外交易市场，建立健全技术产权交易市场。

健全科技成果转化机制。加快制定广东省科技成果转化促进条例。推进科技成果处置权管理制度改革，探索试行高等学校和科研机构科技成果公开交易备案管理制度。提高高等学校和科研机构科技成果转化收益用于奖励科技人员及团队的比例。建立省级科技成果转化项目库，省级财政性资金资助形成的科技成果信息原则上向社会公开。制定促进新技术新产品应用的需求引导政策。建立健全首台（套）重大技术装备保险机制。引导民间资本通过贷款风险补偿、绩效奖励等方式参与成果转化。建立健全科技、标准、专利协同机制，加快推进科研攻关与技术标准研究同步，科技成果转化与技术标准制定同步，科技成果产业化与技术标准实施同步。

六、深化科技管理体制改革

发挥政府对科技体制改革的统筹引导作用。充分发挥省科技教育领导小组作用，建立跨部门、跨领域的会商沟通机制，形成工作合力，综合研究推动科技创新的政策体系，探索采取综合性普惠政策，统筹推进科技体制改革。

制定科技创新权责清单、负面清单，大力推进科研项目审批制度改革。省科技部门要切实发挥推进创新驱动发展的组织协调作用，加强对科技发展优先领域、重点任务、重大项目等的统筹协调。各级党委、政府要高度重视科技创新工作，切实把科技创新工作摆在重要位置，突出重点领域和核心环节，从项目、资金、税收、人才等方面加大对科技创新的扶持力度，扎实做好深化科技体制改革、实施创新驱动发展战略的各项任务。

深化财政科研资金管理改革。实施省级科技业务管理阳光再造行动，构建分权制衡、功能优化、权责统一、公开透明的科技业务管理阳光政务平台。建立健全科研项目审批、执行、评价相对分开、互相监督的运行机制，完善权力分置、相互监督的行政审批流程，实施科研项目全流程痕迹管理和签字背书制度。加强项目、资金等关键环节监管，实行科研项目资金信息公开制度，省级科研项目资金均应在专项资金管理平台公开资金管理办法、申报指南、审批程序、分配方式、分配结果、项目绩效评价、监督检查和审计结果等。规范项目预算编制，及时拨付项目资金。建立财务审计验收、绩效评价和责任追究制度。建立科技报告制度，财政性资金支持的科研项目应按规定提交科技报告并作为对项目承担者后续支持的重要依据。建立和完善科技创新调查和统计制度。完善党政领导班子和领导干部政绩考核机制，加大创新驱动发展指标的权重。

优化创新社会环境。加大对国家和省重大科技政策的宣传力度。制定运用财政后补助措施全面落实企业研究开发费用税前扣除普惠性政策实施办法，引导企业广泛开展研究开发活动。深化科技评价制度改革，完善分类评价标准，注重科技创新质量和实际贡献，应用研究和产业化开发主要由市场评价。制定科研信用管理办法，建立全省科研诚信档案和黑名单制度。加强对重大科技成果、杰出科技人物以及创新型企业的宣传。深入实施全民科学素质行动计划，全面提高公民科学素质和创新意识。

七、其他相关政策

2015 年 2 月，《省政府关于加快科技创新的若干政策意见》（粤府〔2015〕1 号）出台，随后 8 个配套实施细则文件陆续公布并实施。创新驱动发展战略的实施要求建立与其相适应的管理体制，科研管理向创新服务转变。2012 年，广东省科技厅制定《广东省省级科技计划管理改革实施方案（试行）》（粤科规划字〔2012〕202 号）和广东省省级科技计划项目立项、监督管理与考核评价、结题验收等 3 个内部工作规程。2013 年启动实施"省级科技业务管理阳光再造行动"，从 1.0 版升级到 2.0 版，持续推进省级科技管理改革，科技创新治理工作取得显著成效。2010 年后，新型研发机构在广东蓬勃兴起。2015 年 5 月，广东省科技厅等 10 个省有关部门联合制定的《关于支持新型研发机构发展的试行办法》印发，将新型研发机构建设作为深化科技体制改革、实施创新驱动发展战略的重要抓手，为广东省探索科研机构有效支撑产业发展提供了新的样本和范例。2016 年 6 月，广东省府办印发《关于金融服务创新驱动发展的若干意见》（粤府办〔2016〕57 号），科技与金融的结合更好地支持了创新、支持了实体经济发展。2016 年 12 月，广东省十二届人大常委会审议通过了《广东省促进科技成果转化条例》，亮点是规定"利用本省财政性资金设立的高等院校、科学技术研究开发机构对其持有的科技成果享有自主处置权""财政性资金项目合同中，单位与成果研发团队或完成人可约定转化机制"，对未约定科技成果转化奖励和报酬的情况规定了对成果主要贡献人员的最低提取成果转化收入的比例。这些规定对平衡高等院校、科研机构与研发团队或完成人之间的利益分配起到积极作用。

第四章 农业农村科技创新展望与对策建议

第一节 农业农村科技发展趋势

一、动植物种质资源与现代育种科技发展

1. 大规模生物种质资源发掘和在动植物上的利用技术将快速发展

生物种质资源的收集和利用将进一步加速，系统生物学将为大规模基因资源发掘和利用提供系统的理论与技术基础，通过基因型分析，综合应用细胞工程、染色体工程、分子标记辅助选择、基因克隆与转基因等技术成为高效种质创新的主体思路；动物遗传多样性和种质资源评

价、发掘、保存和利用的分子和细胞技术以及与之配套的技术体系将得到快速发展；系统生物学将为大规模动物基因资源发掘和利用提供系统的理论与技术基础；有市场价值的生物种质资源发掘将在经济动物上得到初步应用。

2. 分子设计育种将提供大量突破性品种并催生智能动植物品种的诞生

植物质量性状的分子标记定位和分子标记辅助选择在理论上将趋于成熟，技术上将得到更广泛的应用；功能基因组学和系统生物学研究将产生的大量基因资源和对关键基因功能解析的进步，并为作物转基因育种提供材料和快速发展的动力；到2020年，主要粮油作物的基因转移和优异种质创新技术接近完善；利用传统育种方法扩繁优质种群和利用基因工程手段培育新的畜禽品系相结合，是今后5～10年动物遗传育种的重要发展方向；畜禽水产动物的分子设计育种还处于起步阶段，但分子设计育种将依赖系统生物学、生物信息学和遗传学的知识，得到显著发展；重要畜禽水产动物主要经济性状的功能基因组和分子设计育种基础研究已受到发达国家的重视和关注。

3. 系统生物学将为大规模基因资源发掘和利用提供系统的理论与技术基础

系统生物学研究将在转录水平（转录组学）、蛋白质水平（蛋白组学）以及代谢水平（代谢组学）等三个主要层次对影响一个或多个复杂生物学过程的多个基因及其互作网络开展功能研究，并将形成高通量、配套的研究技术；系统生物学将为大规模研究基因功能提供了系统的理论与技术基础，从而显著地改善人类对复杂性状分子机理的认识和加快改良生物学性状和物种特性的实践活动；动物克隆技术将在更多的国家和更大规模上研发发展；提高动物克隆成功率的新技术将取得重要突破；克隆转基因动物将在药物产业得到初步应用并将显示巨大的开发和市场潜力。

二、资源节约型农业科技发展

1. 耕地资源的集约利用与耕地质量定向培育科技研发体系在不断加强

基于卫星遥感等信息技术和自动化监测技术的发展，建设智能化无线网络监测体系与分布式数据采集与管理平台；土壤肥力评价和土壤肥力演变规律的研究；土壤环境质量、健康质量的培育技术和土壤质量的恢复重建技术体系，障碍土壤改良的生物、耕作和化学改良剂技术。

2. 发展农田生态系统节水技术体系和建设流域水资源保障体系

通过工程技术，建立最低水消耗的输水系统；水源配水、墒情预报、田间灌溉等自动化控制系统和综合农业技术措施的集成体系；旱地节水农业发展综合技术体系；利用封闭型农田气候工程，抑制棵间土壤蒸发；发展抗蒸化学剂抑制土壤蒸发和减少作物蒸腾；开发基于ET管理的真实农业节水新技术；基于流域知识管理的农业节水型社会科技和政策；研发红壤区镉砷污染农田的安全利用关键技术；开发抑制农产品铜砷积累的生理阻隔技术、土壤铜砷同步钝化技术和铁-氮耦合的养分型钝化技术；研制硅溶胶、硒/硅溶胶、铁基生物炭、铁基腐殖质新产品。

3. 高效新肥料的研制和集成农田生态系统养分和能源的高效利用技术研发

肥料技术向复合高效、缓释/控释和环境友好等多方向发展，特别是可控释肥料研发技术的创新（如生化抑制剂型缓释肥料、低水溶性无机或有机合成肥料等技术）；利用亲水性高分子材料作为养分控释载体的胶粘肥料技术代表了可控释新肥料发展的新方向；农田化肥养分和有机废弃物养分的高效利用技术创新；降低能源消耗、增加水土保持能力的少免耕措施与技术。

三、农业生产与食品安全科技发展

1. 支撑食品安全的生产技术将成为食品安全的重要技术

注重有机食品和自然食品科技支撑体系；将环境与健

康作为优先发展的领域，注重替代化学品的农业生物技术、生物肥料与农药的开发；加速发展生物综合防治技术和新型农药的研发；注重植物抗性诱导因子的开发并应用到植物病害的防治实践中；注重畜禽水产营养代谢及其调控、动物环境控制及其饲养技术、动物排泄物无害化增值处理方法研究、动物养殖过程疾病控制和健康养殖标准制订等将继续成为国际动物科学研究的核心内容；生态环境质量安全科技将得到更大的关注，特别是土壤污染和水质污染的生物修复技术。

2. 营养和保健功能食品的科技将得到更大关注

增加必需氨基酸（赖氨酸、色氨酸）、维生素（A、E）、微量元素（铁、钙、锌、硒等）、抗氧化物质（多酚、黄酮、胡萝卜素、花色素）、不饱和脂肪酸（ω-3）等含量的科技；通过生物技术（如动植物"生物强化"育种技术）和非生物技术（如施肥灌溉技术和饲养管理技术等）生产富含某些营养素的特色食品；随着基因组学和蛋白质组学的发展，具有保健功能的食品科技将成为农业科技新的发展方向，在预治贫血、降血压、降血脂、预疗糖尿病和冠心病等方面产生重要作用。

3. 食品安全监控技术体系研发将得到迅速发展

研发农产品质量安全过程控制技术体系，实现从"农田到餐桌"的全过程管理，建立从源头治理到最终消费的监控体系；加快研发对食品安全的关键检测技术创新和应用；建立危险性快速评估技术体系。

四、农业信息化和精准农业科技发展

1. 农业信息服务网络化科技将加速发展

农业资源调查、动植物生产过程中的信息采集系统；农业数据资源与科研设备资源的管理与共享机制；农业虚拟化研究网络化平台建设；农业生产、资源、气象、运输、储存、加工和市场等信息服务的网络化体系技术的研发和应用；农业信息、专家系统、市场预测模型和基于空间技术、遥感技术、传感技术、全球定位系统（GPS）、地理信息系统（GIS）、智能化技术等重大关键技术的研发及其在农业中的应用。

2. 种养业管理信息化科技发展

种业企业管理信息化技术，面向种子用户和零售商的信息化服务技术，种业监管信息化技术；种养业生产和资源信息管理系统技术；农业生产过程环境和生物信息监测无损化、实时化、功能复合化，农作和畜禽水产模型及决策系统的发展趋势表现为由局部性到系统化、数字化、智能化，由经验性到普适性。

3. 精准农业科技进入新的发展阶段

基于完善的农业信息服务网络，建立模拟及调控模型、智能农业决策支持系统以及智能机械精准作业等的科技发展；作物生长过程的形态演变模型、生态生理模型和计算机可视化模型等研发和应用；农业机械及智能化装备关键理论技术与相关产品；农业装备制造技术向大型、高速、复式作业等方向发展。

第二节　新时代农业农村科技发展要求

一、推进农业供给侧结构性改革，为农业农村科技发展提出新要求

推进农业供给侧结构性改革，关键是抓好调结构、提品质、促融合、降成本、去库存、补短板等重点任务。其核心是提高农业质量效益和竞争力，促进节本增效、优质安全、绿色发展，提升自主创新能力和转化应用水平。这就要求农业农村科技发展要调整方向，从过去只注重数量，向数量质量效益并重转变；从注重粮食生产为主，向粮经饲统筹和大农业转变；从注重农业种养为主，向种养加、资源环境等全过程全要素转变。同时，不断完善政策措施，优化科技资源布局，创新发展机制，壮大农业科技力量，尽快提升农业科研的整体水平，围绕解决农业发展重大瓶颈制约，集中力量组织开展重大科研攻关，形成一批一体化的农业生产迫切需求的农业科技综合解决方案，发挥出科技发展在农业供给侧结构性改革中的支撑和引领作用。

二、提升农业竞争力，为农业农村科技发展提出新要求

随着广东省继续扩大对外开放，农业市场面临风险不断加大，主要农产品价格波动大，来自国内外农产品价格倒挂、原材料采购与成品销售价格倒挂，部分农产品进口逐年增多，传统优势农产品出口难度加大，农业市场竞争能力不强等困境，要求我们落实创新驱动发展战略，按照农业供给侧结构性改革和现代农业发展的新要求，瞄准制约竞争力提升的"节本增效、质量安全、生态安全"三个短板，聚焦粮食、重要农产品和特色农产品三类产业，以现代农业产业技术体系为依托，以国家相关科技、推广和培训项目为支撑，联合企业、推广培训机构、新型农业经营主体等多方力量，建立科技创新联合体，以县域为实施单元，开展定向合作、定向攻关、定向集成，创建节本降耗、绿色增产、提质增效和循环利用等技术模式，提高标准化、品牌化、信息化水平，推动产业转型升级，为提高农业竞争力提供强有力的科技支撑。

三、促进农业绿色发展，为农业农村科技发展提出新要求

随着广东省高投入高消耗生产方式的发展，化肥、农药过量低效使用，保持零增长面临较大压力，耕地地

力下降与养殖业废弃物未能有效综合利用并存，农业面源污染加剧，部分农村生态环境恶化，农产品质量安全压力加大，生态安全面临巨大挑战。破解农业资源与环境约束难题，践行绿水青山就是金山银山的发展理念，迫切要求我们加强农业资源保护和农业环境突出问题治理。推进化肥农药使用量零增长行动，开展果菜茶有机肥替代化肥行动，集成推广全程农药减量控害技术模式，构建农药使用安全风险监测体系，探索高温焚烧炉处置等技术，协调有序推进农药包装废弃物集中收集和无害化处理试点工作，推进病死畜禽无害化处理设施建设科研攻关，为农业绿色发展提供强有力的科技支撑。

四、提升农业装备水平，为农业农村科技发展提出新要求

广东省人多地少，耕地后备资源匮乏，全省高标准基本农田比例仍然较低，灌溉水平不高。单位耕地农机总动力、农作物耕种收综合机械化水平均低于全国平均水平，大中型植保机械社会保有量小，主要农作物病虫害统防统治覆盖率低等农业基础设施和装备水平偏低问题突出。需要大力加强国家和省级水稻、畜禽现代产业体系建设，加大良种良法、生产环境、有害生物及疫病防控等关键技术的研发与推广，提高粮食单产水平、畜禽良种覆盖率；加强先进适用农机设备研发与应用，提高全程机械化水平；

加强农业防灾减灾体系建设，提高农业抗灾能力，以科技支撑装备现代农业基础设施，加大推进现代农业物质技术装备建设的动力。

第三节　新时代农业农村科技发展对策建议

一、建设农业科技创新人才队伍

首先，加强农业科技创新人才体系建设。立足我国现代农业发展需求及农民实际生产需要，开发和引进农业基础研究、农业项目创业、农业良种开发及农业信息化等人才资源，并构建形成农业科技创新人才的通力合作机制，以提高农业科技创新效率和促进科研成果的推广应用。其次，创新人才培养和激励机制。积极推进农业科技体制改革，创新人才培养机制，引进和留住农业科技尖端人才和学科带头人。发挥人力资本充足的优势，建立人力资本合理使用和人才资源优化配置新机制，调动广大农业科技人员的积极性，在工作环境、工作成就和经济福利待遇等方面创造良好的工作环境和生活氛围，充分保障科研人员体面的生活，使得科技人员拥有获得感、愉悦感和成就感。大力鼓励并支持农业科技创新主体进行农业新品种、新技术的研发工作。以农业科研项目为载体，促进高校、企业和社会化服务组织加强农业科技创新人才培养。改革完善现行农业科研体制中的成果激励机制和科技评价机制，引导研发人员将主要精力放在创新而不是创收上。再次，创新科技人员绩效考评机制。积极建立科学合理的科技人员绩效考评机制，提倡科研协作精神和团队精神，使科技创新参与人员共享科技成果的效益，以促进科技合作及成果转化。在科研创新活动中允许失败和时间积累，在职称评定和绩效考评中适当倾斜基础性科研人员和基层科技推广人员。最后，加强农业科技队伍建设。通过科研工作，在科技实践中培养造就高水平的学术人才。农业科研项目应实行统一协调管理，农业科研组织方式应转变为创新团队，中央与地方的科研机构应根据职能分工，课题主持人应转变为培养科学研究的领军人物。

二、加大农业科技创新投入力度

首先，提高稳定性科研经费比例。加大农业科技创新支持力度，提高科研机构运行经费保障水平；设立农业科教单位农业科技创新自主科研经费，建立农业科研长期、稳定的支持机制，支持重大农业技术及可持续性农业生产技术等前沿技术发展，实现科技投入向优势区域和优势产品集中，提高农业科技投入效率；同时，激励农业科教人员潜心研究，促进农业科学研究的持续、深入开展。对于科技投入不仅要评价其科研项目的科学性和先进性，而且要评价其经济有效性，以防止农业科研与生产、市场需求脱节，使科技链与产业链有效对接。其次，在产业链上设置创新链的投入机制。加强农业科研院所、高校和涉农企业的有机结合，促进资源共享与优势互补，实现产业价值链的扩展和增值。项目设置和经费投入按照各自的优势有所偏重，以激发各创新主体充分发挥比较优势，实现资源的有效整合，提高创新效率和创造新型产业链，从而提升农业产业竞争力。构建以产业创新链为主线的联动机制，在财税、金融及风险投资等方面创造良好的政策环境，完善协同创新主体间的利益分配制度，优化配置创新资源，推动农业产业结构调整升级，增强农业技术创新体系的活力。再次，建立多元化科技创新投入机制。鼓励企业、社会经济组织和个人等社会力量投入农业科技创新工作，从根本上改变农业科技投入严重不足的状况，逐步形成以国家投资为主体、以社会力量投入为补充的多元化、多渠道的现代农业科技创新投融资体系，改善农业科技创新的基础条件和研究手段，提高农业科技创新水平。同时，农业科研单位要采取股份制、合作制等，加快成果产业化。

三、建立和完善农业成果评价和转化机制

首先，完善科技成果分类评价机制。按照科技成果的类型实行分类评价，使得科技成果真正落到实处。基础和应用类成果（以论文为主）采用同行专家评议方式，应用

类成果（关键技术和集成技术等）采用行业评价和第三方评价相结合方式，产品类成果（品种、投入品、机械等）采用市场和用户评价方式。建立重大农业科技创新成果的政府采购制度，鼓励涉农企业参与科技创新，支持农民运用创新成果，进一步完善农业知识产权保护体系与制度。其次，完善科技成果转化机制。构建高效的科技成果转化体系，采取市场化商业化的成果转化模式，政府的职能逐步弱化，企业成为科技成果转化的主导者，提高农业科技成果转化效率。为促进农业技术扩散和成果转化，逐步建立高效的农业科技成果转化交易服务平台，解决科技成果转化过程中各主体间的信息不对称问题，推动农业科技资源配置与转化的市场化运作。

四、提升农业信息化服务水平

首先，推进农村信息化建设，建立远程教育培训网络平台。加大农业信息化建设的资金支持，建立和完善"市、县、镇、村"四级农业信息网络。提高农业生产经营主体的农业科技培训力度，提升农民科学种植水平，提高农民利用网络技术的能力。其次，建立农产品价格信息网上发布制度，定期公布各主要农贸批发市场的价格和供求信息。再次，建立广东省农业资源数据库，支持农业产业科学布局、农业资源有效保护和合理利用，提供农产品产地信息，建立农产品溯源信息系统。最后，利用现代信息技术建立农业信息服务平台，提高农业信息服务水平，扩大信息服务覆盖范围。发展农产品电子商务，推进农产品网上销售和流通，扩大优质农产品销售范围，盘活农产品市场流通。

图书在版编目（CIP）数据

广东农业农村科技发展报告：2011—2020 年 / 李伟锋主编 . —北京：中国农业出版社，2021.5
ISBN 978 - 7 - 109 - 28336 - 7

Ⅰ.①广… Ⅱ.①李… Ⅲ.①农业技术－技术发展－研究报告－广东－2011 - 2020 Ⅳ.①F327.65

中国版本图书馆 CIP 数据核字（2021）第 109620 号

中国农业出版社出版

地址：北京市朝阳区麦子店街 18 号楼
邮编：100125
责任编辑：闫保荣
版式设计：王　晨　　责任校对：吴丽婷
印刷：北京中兴印刷有限公司
版次：2021 年 5 月第 1 版
印次：2021 年 5 月北京第 1 次印刷
发行：新华书店北京发行所
开本：700mm×1000mm　1/16
印张：9.75
字数：200 千字
定价：58.00 元